JN109036

LE PETIT LIVRE DE LA LUNE

ちいさな手のひら事典

# 月

LE PETIT LIVRE DE LA LUNE

# ちいさな手のひら事典
# 月

ブリジット・ビュラール＝コルドー 著

佐伯和人 監修

いぶきけい 翻訳

Les phases de la Lune.

# 目次

Leap Year
1908
Make a try for the Man·in·the·Moon

# 時代とともに

白から金色へと移ろう光と形で、月はわたしたちを魅了してやみません。思い返せば子どもの時分、フランスの童謡「月の光に」を聴いてやさしい気持ちになったものです――「3羽の子ウサギ／ワインを飲んで／プラムを食べてた」。このように、幼いころから月はわたしたちのお友だち、この歌は夢と眠りの世界へ人を誘(いざな)う魔法の扉の鍵でした。月はわたしたちにいつも寄り添い、年を経てもその魅力は失われるどころか増すばかり。その輝きに目を奪われた画家がキャンバス上に不滅の姿を残した月は、中世の宮廷詩人(トルバドゥール)によって歌われ、女性にたとえたボードレールをはじめ、アルフレッド・ド・ミュッセ、ヴェルレーヌなどの詩人によって讃えられてきました。ルートヴィヒ・ヴァン・ベートーヴェンのピアノ・ソナタ第14番『月光』は、冒頭から深みのある音色で悲恋をイメージさせます。月はひりつく胸の痛みの証人なのでしょうか。この問いは今も胸のうちに響いて、わたしたちを苛みます。フランスのロックバンド、アンドシーヌは2002年に「ぼくは月に訊いたんだ／でも、おひさまは知らんぷり」と歌いました。やさしいお友だちの月は、わたしたちの秘密の共犯者でもあります。長年、人類は月と仲むつまじく暮らしてきました。多くの文明で、月は崇拝の対象。ローマ神話ではディアナ、ギリシア神話ではウラニア、セレネ、アルテミス。ケルト神話で月の女神はベリサマ、エジプト神話ではイシス、フェニキアではアスタルテ、ペルシアではミュリッタ、アラブではアリラト。北米原住民のイロコイ族にとっては永遠なるもの、インカ帝国では太陽の妻でケチュア族の母。枚挙にいとまがありません。

※ 2007年に打ち上げられた日本の月探査機「かぐや」は打ち上げ前にはセレーネというコードネームでした。日本の探査機は打ち上げに成功すると和名がつきます。アメリカの次の有人探査計画はアルテミス計画という名前です。

## 地球によく似た月

夜、人は窓から月を眺めます。その照り返しや斑や陰影のことなど、なにも知らない小さな子どものうちから、月に人の面影を重ね合わせたものです。たしかに、月にはふたつの目と、鼻と口があるように見えませんか？　身近な存在である月に、わたしたちは自分の気持ちを託しますが、その形は日々刻々と変化します。それだけでなく、月は自転しながら、地球と太陽を一周しています。1609年、月を仔細に観察し、地球の自転について理解していたガリレオは、この大いなる発見に至りました。しかし、それ以前も、複雑な数学の計算にわずらわされることなく、人の住むこの地球と月の類似は推測されていたのです。

人間の子どもは、月にウサギがいると思っています。これは、のちの人生でその子が知識を蓄積する過程において重要な役割を果たします。なぜなら、ウサギの前脚は雲の海と湿りの海、鼻と長い耳は雨の海と嵐の大洋、いたずらっぽい目はケプラーと呼ばれるクレーター、後ろ脚のように見えるのは神酒(みき)の海と豊かの海、しっぽの先は危難の海。物心がつくようになると、子どもは月についてもっと知りたいと思い、調べるにつれ、月の地形がわかるようになります。南側の高地、山（ジュラ山脈やアルプス山脈など)、大洋、岬、湾、海……、まちがいなく月は地球によく似ています。古代ギリシアの哲学者アナクサゴラスは、紀元前500年ごろ、すでに地球とその衛星である月のあいだに共通する要素を観察していました。

※ このウサギは西洋の子どもたちが見るウサギで、日本の子どもが見る餅をつくウサギとは上下が反対になっています。

## 月、地球、太陽、星座

謎に満ち、表と裏の顔を持つ月は、およそ27日周期で地球のまわりを一周します、それに対して、地球は1年かけて太陽を周回しています。月が誕生したのは太陽のおかげ。新月の晩は姿が見えないため、「ブラックムーン」とも呼ばれます。青、赤、白、灰……と、月のパレットは実に多彩。こうした色の多様さの秘密が学者によって解き明かされるには、数世紀もの年月が必要でした。古代ギリシアの哲学者アナクシマンドロス(紀元前610－546)は、月が太陽光線を反射していることを明らかにし、300年後、光学器械がなかったにもかかわらず、アリスタルコスは月食の観察をもとに太陽、地球、月が直線上に並ぶ現象を導き出します。これは実に快挙で、科学は大きな発展を遂げました。このサモス島の天文学者の計算によると、月から地球までの距離は地球の直径(12,756km)の30倍(380,400km)。近地点(月が地球に最も近づく点)では平均356,400km、遠地点(月が地球に最も遠い点)では平均406,700kmで

F.lli Goglio di P
Rho
Sacchetti Carta
Antica Casa Fondata nel 1850

す。まさに、天文学的な数字といえましょう。地球よりは小さいものの、月には$73 \times 10^{18}$トンもの質量があります(地球の約1/81)。まったく驚くべきというほかありません。

## 夢の月面着陸

月がなかったら、地球はどうなっていたでしょう?　地球に遅れること1,000万年のちに誕生した月は、地球の自転が暴走するのを抑え、季節を調節し、大混乱(カオス)を防ぐなど、限りない恩恵を地球にもたらしています。そもそも、月がなければ命の源(みなもと)、土と水の混合物である「原始スープ」は生じず、地球上の生物は存在していません。隕石重爆撃が起こったとき、大気に覆われた地球はなんとか切り抜けましたが、空気もガスも水もない月は傷だらけになりました。『一般天文学』の著者として知られるカミーユ・フラマリオン(1842-1925)は、人間は月でも生存できると信じていましたが、実際、太陽系のなかで受け入れてくれたのは地球だけ。人類は月に降り立つことしか叶いませんでしたが、それは偉大な一歩でした。1969年、ニール・アームストロングとバズ・オルドリンが初の快挙を成し遂げたのちも、人類はあとに続き、今日、科学者たちは再び月に移住する計画を夢見ています。

この『ちいさな手のひら事典　月』は、時の流れがとまったように感じられる美しいクロモカードとともに、宇宙探査機または1歩で7里進める魔法の七里靴でみなさまを月へお連れします。さあ、いっしょに月面に着陸しましょう!

# 月の誕生

45億年前に地球が誕生する以前、太陽系は今の2倍にのぼる数の惑星を擁していましたが、その後、多くはたがいに衝突し、消滅しました。

1億年後、地球と「テイア(またはオルフェ)」と呼ばれる天体が衝突し、月が誕生します。テイアは直径6,500km(地球の2分の1)で、ちょうど火星と同じぐらいの大きさ。それでも、小規模ながら大きな災いをもたらした隕石(直径はおよそ10kmですが、そのせいで恐竜が絶滅します)と比べれば、はるかに大きいといえるでしょう。テイアは明るく輝きながら巨大化し、1時間に4万kmの速度で、空を覆わんばかりに接近します。衝撃がいかに大きかったか想像できるでしょう。とてつもない衝撃のため、ふたつの惑星の表面からマントルが引きちぎられ、目のくらむような白い光とともに、石と塵でできた雲が環になって地球を囲みます。その一部が凝縮してできたのが月でした。岩と氷と金属からなるこの天体は、長期にわたり熱くて軟らかいままでしたが、衝突から生じた他の破片は地球上に落下するか、宇宙空間で散りぢりになりました。惑星学者によると、こうした現象は極めて珍しいのだそうです。

# 月の表面

この巨大な衛星は地球によく似ています(ただし、地球の大きさは月の4倍)。「二重惑星」とよくいわれるのは、地形が似ているからです。山や谷のほか、平野、クレーター、火山、海、大洋があります。

しかし、地球と違って、月は人の住んでいない空虚で不毛な星。水もなく、植物も生えていません。空気がなく音も聞こえないので、無線を使って意思疎通をするほかないでしょう。空はいつでも真っ暗。なにしろ、大気がないのですから……。地球で見る空が青くて美しいのは、大気中の分子により太陽光のスペクトルが散乱するためです。

10億年前から、月の静けさが乱されることはありませんでした。あたかも、巨大な化石のように……。月の表面は大部分が玄武岩のこまかな塵で構成され、宇宙飛行士が降り立ったときには、それが大きな障害になりました。細かな粉末が装備や宇宙服にくっついたり、なかに入り込んだりしたからです。

※ 月の表面を覆うこまかな粉末をレゴリスと呼びます。角張った岩石のかけらなので、装備や宇宙服を傷つけますし、目に入ったらものすごく痛いようです。

# 月の海と大洋

隕石がぶつかったときの衝撃で、月の表面はでこぼこ。望遠鏡でのぞくと、大きなくぼみが海のように見え、それぞれ名前がついています。およそ40億年前、月の奥底から湧き出た溶岩が海のようにこのくぼみを満たします。この溶岩は、月の地下の岩石の放射性元素の壊変によってできたもの。マグマの大洋が低地を埋め尽くし、月の全面積の20%が暗い海地域として凝固しました。

このようにして、月の表側に起こった大規模な衝突現象の影響をふたつの海に見ることができます——晴れの海と雨の海の誕生です。嵐の大洋以外に、月にある海の数は22におよびます。すなわち、南の海、蛇の海、神酒の海、豊かの海、フンボルト海、危難の海、波の海、静かの海、晴れの海、氷の海、蒸気の海、雲の海、東の海、雨の海(ここにアルプス山脈があります)、スミス海、島の海、縁の海、モスクワの海、湿りの海、賢者の海、泡の海、既知の海です。深い裂け目や頂界線があらわになった風景には、野生の美が感じられます。細かな亀裂の入ったガッサンディ・クレーターは、湿りの海の北側にあります。

※ 最近の研究で、海の溶岩は場所によって40億年前のものから10億年前のものまでいろいろあることがわかってきています。

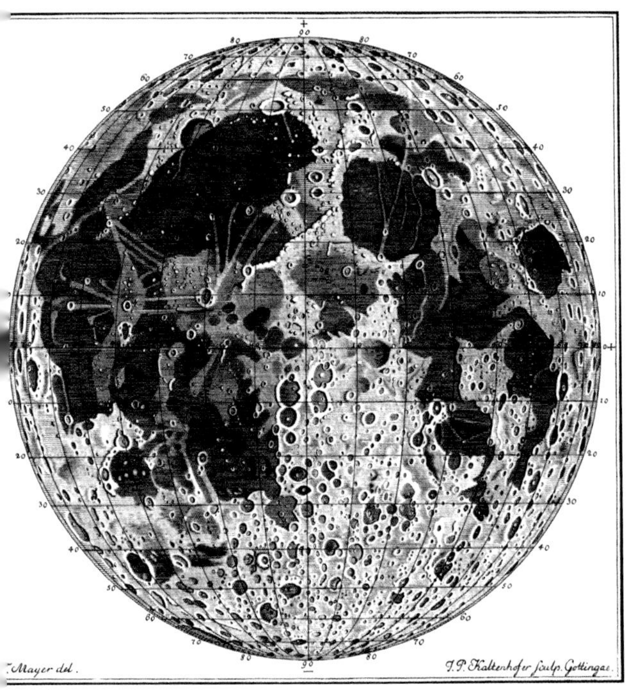
T. Mayer del.
J. P. Kaltenhofer sculp. Gottingae.

# 月の湖と湾

月には、溶岩で満たされたふたつの大きな湖と5つの湾があり、死の湖と夢の湖は、氷の海と山や丘の細い稜線で隔てられています。死の湖を形成している溶岩は晴れの海から来たもので、西には直径40kmのクレーター、ビュルクがあります。雨の海の縁に位置するのが虹の入江。これは古い時代のクレーターの名残りで、月齢10日前後に太陽光に照らされた入江の縁が観測できます。この大きな湾は、1651年にイタリアの天文学者ジョヴァンニ・リッチョーリが命名した、高さ4,000mのジュラ山脈に囲まれていて、西側に位置するヘラクレイデス岬には、1970年11月17日、月探査機ルナ17号が着陸しました。東側にあるのはラプラス岬。嵐の大洋の北に伸びる露の入り江は月齢13日ごろ陰から姿をあらわし、南側にはグリマルディとシッカルトという大きなクレーターが認められます。雨の海と熱の入江（エラトステネスとスタディウスというクレーターがあります）の溶岩から隆起しているのは、アーチ形のアペニン山脈。未開の入江はテオフィルス、キリルス、カテリナのクレーターを擁し、中央の入江はその名のとおり、月の中央に位置しています。中央の入江は直径350kmで、多数の溝や亀裂が筋状になり、狭い水路を介して北側で蒸気の海に接しています。

# 月の山とクレーター

月にある山脈は、アペニン、アルプス、ジュラ、コーカサス、アルタイなどの名称から、大きさが推しはかれます。これらの山は高さ数千メートルに達し、アポロ計画では探索の対象になりました。具体的には、トロス山脈：アポロ17号(1969〜1972年)、フラ・マウロ高地:アポロ14号(1971年)、デカルト高地:アポロ16号(1972年)です。地球上にあるクレーターは100程度ですが、月面上では1,000億以上にのぼります。

これらはすべて隕石との衝突が原因で、直径数cmから300kmまでと大きさはさまざまです。月の南西の端にはペタヴィウスとラングレヌスという大型クレーターが連なり、嵐の大洋のヘロドトス・クレーター付近では、最近(4億年前)にできたクレーター、ケプラーとアリスタルコスが明るく輝いています。メシエAとBは目立たない小さなクレーターですが、2本の直線状の光条が彗星の尾のように伸びています。ふたつのクレーターの名はフランスの天文学者シャルル・メシエから来ていて、生涯で多くの彗星を発見したこの学者を、ルイ15世は「彗星の狩人」と呼んだとか。月の風景のなかでひときわ目を引くのは、月の明暗境界線から遠くない場所に位置する3つのクレーター、テオフィルス、キリルス、カテリナ。豊かの海の、溶岩にほとんど埋まったクレーターも印象的です。そのほか、静かの海の近くにあるモルトケとサビン、熱の入江にあるコペルニクスとエラトステネス、中央の入江付近のアグリッパとゴダン、蒸気の海にあるマリニウスなどのクレーターがあります。

# 月の高地

月の起伏の激しい部分は高地と呼ばれ、海にならなかったもともとの地殻で、60kmの厚さに達します。巨大なプトレマイオス・クレーターが認められるのがこの高地。プトレマイオスは古い時代のクレーターで、直径150kmにおよび、近くにあるアルフォンスス、アルザケル、アルペトラギウスという3つのクレーターとともによく目立ちます。プラトンと同様、プトレマイオスは平坦で、溶岩に埋もれており、内側には直径9km、深さ2,000mのアンモニウス・クレーターがあります。アルフォンススの内側にもふたつの小さくて神秘的なクレーターがあり、黒っぽい斑のある直径5,000mほどのクレーターと、ほぼ正確な正三角形を構成しています。

月のクレーターのなかでも最古参のデランドルは、現在どうなっているでしょう？　デランドルは直径230kmに達し、ジャンセン、クラヴィウス、シッカルト、バイイ、グリマルディと並んで、月の表側にあるクレーターのなかでも最大級。クレーターができる原因になった衝突天体は、直径が15kmあったそうです。その後、直径140kmのクレーターが形成され、ヴァルターと命名されました。南の高地には、そのほか、高さ4,000mの壁に囲まれたマギヌス、直径125kmのシュテーフラー、月の最南端に位置するモレトゥス、高さ4,800mの壁に囲まれたティコ、小さな海の大きさに匹敵する直径225kmのクラヴィウス、誇らしげなピラミッドを彷彿させる高さ1,500mの中央丘のあるリリウスなどのクレーターがあります。

※ 海が多い表側に対して、裏はほとんど高地です。裏側の高地地殻の厚さは表側よりも厚く100kmにも達すると考えられています。

# 月の動き

月は自転し、公転しながら空に昇り、また沈みます。地球のまわりを27日と8時間で一周し、その速度は平均すると毎秒1km。また、月は太陽の周囲をまわり、同時に自転もしています。月の軌道は円ではなく、楕円形です。地球に最も近づく近地点では356,400kmの距離にまで接近します。逆に、地球から最も遠く離れる遠地点は406,700kmの距離です。

太陽と同じで、月も周期の前半で空の高い位置に見え、後半、低い位置に見えます。この運動を太陽は1年、月は27日かけておこなっているのです。月の通り道が上昇しているあいだは、肉眼でもその動きを観察することができます。家の屋根、木の梢など、なにかひとつ目印を決めれば、翌日には一段階高くなっているのがよくわかります。13日間、上昇を続けたのち、今度は下降を始めます。それもやはり13日間。そうして、次第にわたしたちのいる地球に近づいてくるように見えます。「地球のみなさん、こんばんは」という月の声が聞こえてきませんか？

※ 太陽や月が空を通る道の高度が高くなったり低くなったりするのは、太陽や月が地球をまわる面に対して、地球の地軸が傾いているせいです。

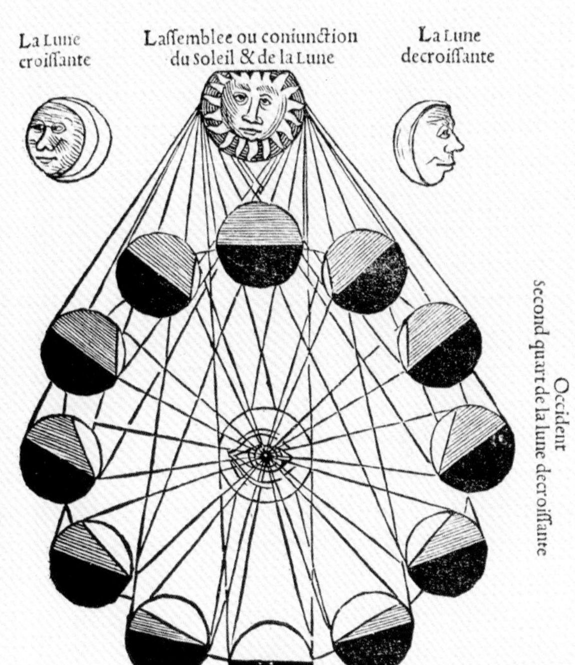


Diametrale radiation, ou l'oppo-ſition du Soleil & de la lune

# 月と太陽

重さ73×$10^{18}$トンの月は、太陽系の天体のなかで13番めの大きさです。しかし、太陽と比較すると、ゴリアテに立ち向かうダビデのようなもので、その大きさは太陽の400分の1にすぎません。美しく輝く太陽は地球から1億5,000万kmの距離にあり、月と太陽のふたつの円盤が完全に重なって見えることがあります。これが日食です。地球が太陽のまわりを公転していることは、みなさんもご存じでしょう。天球上を1年かけて移動する太陽の通り道を黄道と呼びます。

月は1か月に2回、黄道を横切ります。これが月の交点です。月齢12日あたりから満月が近づくにつれ、月の明るい部分と暗い部分の境界線が、月面を1日に移動する速さがゆっくりになったように見えます。これは目の錯覚で、月の縁に近づくほど奥行方向に月面の広い面積がつぶれて見えているためです。満月の晩になると、日の入りと同じ時刻に月が姿をあらわします。月と太陽の連携する運動によって、地球で潮の満ち引きが起きます。

※ 13番目の大きさというのは、太陽系の衛星では木星の衛星ガニメデ、土星の衛星タイタン、木星の衛星カリスト、イオに続いて5番目で、それに惑星8個を加えて13番目という意味です。冥王星は準惑星に降格となったのでこの計算には入っていませんが、たとえ計算に入れたとしても月より小さいのでこの順位は変わりません。

# 月と地球

太陽に比べれば、月の大きさは微々たるもの。直径1万2,756kmの地球も、衛星である月(直径3,476km)の4倍の大きさにすぎません。地球からの距離を比較すると、太陽に対して、月はずっと近くにあります(8.5光分に対して1.3光秒)。すなわち、450分の1の距離にあるということです。

こうした距離の近さゆえに、天体のなかで月と地球はペアで語られることがよくあります。しかし、わたしたちの美しい地球は、月の81倍の重さがあります(81×73×$10^{18}$トン!)。それでも、火星に比べれば大したことはありません。夜空に赤く輝くこの惑星は、その衛星であるフォボスとデイモスより5,000万倍も重いのですから。また、木星は561ある衛星をひとまとめにした質量の5,000倍もの重さがあります。

月と地球は、いわば運命共同体。地球は月と同じように隕石の衝突を受けていますが、その痕跡はほとんど見られません。これは大気によって保護されているためです。また、地球の表面はプレート運動によって始終更新されています。

1609年11月30日、ヴェネツィアの潟から倍率20倍の望遠鏡で月を観測し、月と地球が驚くほど似ていることを発見したのはガリレオ・ガリレイでした。月がなかったら、地球はどうなっていたでしょう?　地球のために、月は自転軸を安定させ、季節を調節し、大混乱を防いでくれているのです。

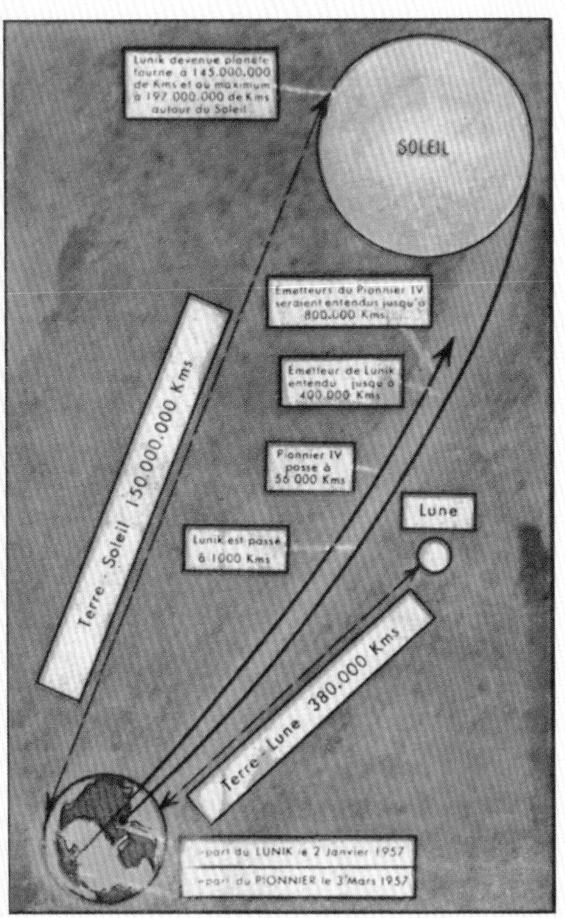
Lunik devenue planète tourne à 145.000.000 de Kms et au maximum à 197.000.000 de Kms autour du Soleil
SOLEIL
Emetteurs du Pionnier IV seraient entendus jusqu'à 800.000 Kms.
Emetteur de Lunik entendu jusqu'à 400.000 Kms
Pionnier IV passe à 56 000 Kms
Lune
Lunik est passé à 1000 Kms
Terre - Soleil 150.000.000 Kms
Terre - Lune 380.000 Kms
part du LUNIK le 2 Janvier 1957
part du PIONNIER le 3 Mars 1957

TERRE-LUNE

# 月と星座

月は地球の空で昇り降りを繰り返しながら、およそ2日半で黄道上の12の星座（全部で88あります）にひとつずつ接近します。月の公転周期は27日7時間43分。月はホロスコープに対しても影響を与えているのです。

通常、12の星座は3つずつ4つの元素（エレメント）（空気、水、土、火）に分類され、各星座は宇宙を構成するひとつの元素とつながりがあります。双子座、天秤座、水瓶座は空気のエレメントで、湿気と熱を伝え、花や美と相性がよいといわれています。蟹座、蠍座、魚座は水のエレメントで、湿気と寒さをあらわし、その影響は庭に生えている植物の葉に感じられます。牡羊座、獅子座、射手座は火のエレメント。熱く乾燥していることからバイタリティを象徴し、種子、穀物、果実に影響が認められます。牡牛座、乙女座、山羊座は土のエレメント。植物の根や種まきに影響を与えると同時に、月がこれらの星座を通過するとき、地面に関係する工事（灌漑（かんがい）、トンネルの建設、地下室の改修、舗装やタイル貼りなど）をおこなうとよいとされています。

※ ホロスコープ（星占い）は、太陽系の天体が地球から見てどの星座の位置にあるかを元に運勢を占います。その解釈には、暦と天候の科学的関係から、古代・中世の風俗習慣、迷信の類までが混ざったものと考えられ、どうしてその解釈なのかを考えることは知的好奇心を刺激します。

VOTRE FLEUR OUI!!! MAIS VOTRE CŒUR JAMAIS.

# 月と星

月の周囲には、それぞれ目のくらむような距離を保ちながら、数千億もの星と銀河が輝いています。実際、最も近い恒星でも、地球と太陽の距離の27万倍もの距離にあります。

英国の天文学者エドモンド・ハレー（1656－1742）は、月による星食の周期を計算した最初の人。先人の観察に基づき、509年にアテネで観測された月によるアルデバランの星食に着目します。アルデバランの名はギリシア語ではなくアラビア語起源で、この一等星は古代より賞賛の的でした。1718年、ハレーは、509年に月が牡牛座で示した軌跡を数学的に算出しようとしましたが、その結果はギリシアの計算と異なっていました。ギリシアでの観察が信頼できることを確信してはいたものの、自分の計算も間違っていないとしか思えなかったのですから、学者としてジレンマに苛まれたことでしょう……。最終的にハレーは、もし509年にアルデバランの星食がほんとうに起こったのだとしたら、12世紀後に観察できた位置は数秒角移動していたと結論づけます。天体の固有運動を発見したハレーは、こうしてその名を歴史に刻んだのです。

※ 月など手前の天体が後方の恒星を隠す現象を星食といいます。天体の固有運動とは、長い年月動かないと思われる恒星も天球での位置が動くという現象で、星食が予想通りの周期で起こらないことから発見されました。星座は何十万年もたつと形が崩れてしまうのです。

# さまざまな月の顔

地球の周囲をまわりながら、月は容貌をさまざまに変えます。地球儀のように真ん丸かと思えば、こぶみたいな形だったり、クロワッサンのような三日月だったり。新月から満月へと移行し、ひとまわりしてまた新月にもどります。

新月から次の新月までの29日を太陰月と呼びます。前半は月が満ちてゆく期間に相当し、三日月は左に開かれ、いわば鏡に映ったアルファベットのCのような形をしています。太陰月の初日である新月の晩、月の姿は見えません。2日間、月のない夜が続いたのち、暗闇から細い光が差し込んで、細い三日月を形成します。これが目に見える最初の月の形で、7日ほどすると月は半円形を形成し、上弦の月と呼ばれます。それから、右に太鼓腹を突き出した、こぶのような形をとると、さあ、ここから満月まではもうすぐです！

新月から数えて14日後、完全な円を描いた真ん丸な月が夜空に浮かびます。月の道程の折り返し地点にあたり、太陽の光を反射して煌々と輝いています。その後、月は次第に欠けてゆき、左に太鼓腹を突き出した、こぶのような形をとると、新月から21日後、再び半月に。これが下弦の月です。続いて、右に開かれた最後の三日月（アルファベットのCの形）が、姿を消す前日、かろうじて空にのぞきます。月が完全に見えなくなったら、再び新月にもどったということです。

# 満月

空はどこまでも青く、まぶしいほどの光が差し、星の姿は見えません。月光を透かして見る月は大理石のごとく、なめらかな表面をしているように見えます。太陽が正面から月を照らし、月は太陽光の7〜10%を反射しています。強く輝いていて、まるで昼間のよう……。満月の晩、月と太陽は地球をあいだにはさんで反対側に位置しています。それが完全に直線上に並べば月食が起こり、人びとを魅了するのです。

満月はまさにその名が示すとおり、完全な円を描いて真ん丸です。新月の14日後、月光がまぶしく目を射るとき、月は太陽から最も遠い位置にあるのです。満月が見えるのはひと晩だけですが、その後、数日間も引き続き天を支配しているのではないかと錯覚されるほどの存在感があります。

満月が地球に与える影響は大きく、生きとし生けるものはすべて（人間、動物、植物）、気まぐれでパワフルな月の力の影響をまともに被っており、作物の収穫に適してもいます。

フランスのコミック『アステリックス』に登場するパノラミックスのことをご存じでしょうか。このドルイドの僧は、満月の晩、森に入って、黄金の鎌でサント・クロワの木と呼ばれるヤドリギを刈るのです。ヤドリギの白い実は月と太陽の和合（ユニオン）のシンボルで、魔法の飲み物に入れると素晴らしい効果を発揮します。

La pleine lune

# 新月

月は太陽に照らされなければ、その姿は見えません。新月はとても慎み深く、月のない真っ暗な夜が2日間続き、なにも見えません。この休息のとき、暗闇(ノワール)のなかで、オオヤマネコ(ロワール)のようにぐっすり眠りましょう。月の思慮深いパワーは1%まで低下しますが、そのあいだも月は移動を続けます。新月も、地球と太陽のあいだで生物に影響を与えています。心を落ち着かせ、痛みを鎮め、休息をもたらし、わたしたちの愛と計画が成就するようにあと押ししてくれるのです。ギリシア神話の女神アルテミスは新月をあらわし、子ども時代をつかさどっています。発達に好適な時期であり、穏やかに、しかし確実に過ぎてゆきます。それは、子どもが自己を形成し、才能を開花させるうえで必要なことでもあります。

同様に、新月から満月に至るあいだ、植物が旺盛な生命力を発揮することを庭師はよく知っています。また、月が低く見えるとき(とくに三日月)、水生植物を植えると元気に育つのだそうです。恋愛についても、新月は充足感をもたらします。なにものも愛しあうふたりを分かつことは不可能で、あらゆるものがふたりの結びつきを強めるのです。バランスのとれた愛情を育むのによい時期だといえましょう。「それは彼だったからだし、わたしだったから」(モンテーニュ)——それは当然の成りゆきで、この真実に意義を唱えたところで、無駄なことです。

『エセー 2』(宮下志朗訳、白水社)

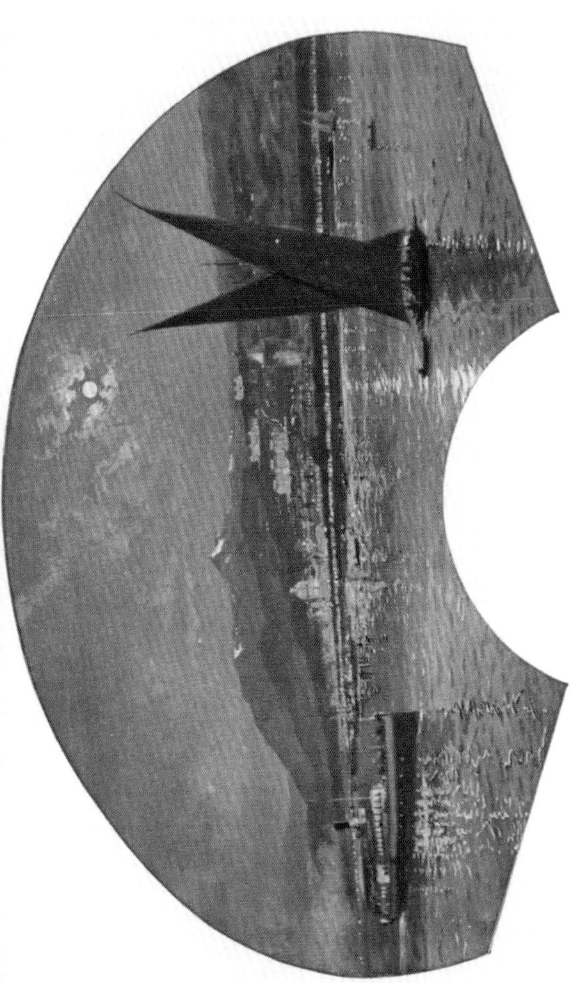

# 太鼓腹の月

空を移動する道すがら、月は細い弓のようだったり、右にお腹を突き出したかと思うと、左に突き出したりと、さまざまに形を変化させます。太鼓腹のような形の月は、上弦の月のあと、満月に先立ってあらわれます。このときは右を向いていますが、天球上の軌道を半分以上通過して、下弦の月と新月のあいだにあらわれたときには、逆を向いています。18日めになると、夜、東の空に昇る時間が次第に遅くなり、円盤の半分以上が光っています。19日めには、月は夜遅く出て、夜が明けるまで輝いています。

人は変わりゆく月の変化に驚きますが、実は月の形が変わるのではなく、あくまで太陽の光があたっている部分にすぎないことは知っておかなければなりません。月が太鼓腹に見えるときは、円盤の半分以上に光があたっているのです。

円形でもなく、三日月でもない、こぶのような月の形は人を不思議がらせ、神秘のひとつになっています。

# 三日月

シュメール神話で、シンの妻であるニンガルは月の女神。新月のあとにあらわれる三日月の姿で描かれます。この寛容な神さまは、人類に受胎の力を授けました。養分が隅々にまでゆきわたり、畑の作物が元気に育つのもニンガルのおかげです。のちに、三日月は「豊穣の角」と呼ばれるようになりますが、月のことをよく知る地球の人間は、新月のあと種をまいたり、苗を植えたりするとよいことがわかっていました。新月の2日後、三日月は豊かな角の象徴として存在感を際立たせるのです。

三日月は、太陽が沈むころ、西の空に姿をあらわします。北回帰線と南回帰線のあいだで、新月から3日後に夜空で展開されるショーには心を奪われてしまいます。太陽がわたしたちに暇を告げ、次第に空の向こうに消えようとするとき、三日月はまさに水平線に浮かぶ黄金の小舟を彷彿させる姿であらわれるのです。

ローマ神話に登場するディアナは、ギリシア神話のアルテミスと同様に、月を象徴しています。典型的な美男子、アポロンは太陽の神。この天体が地平線に沈もうとする時間、ディアナがまばゆい姿で天空を照らします。画家、彫刻家、版画家などの芸術家たちは、この神を狩りや水浴びをする女性として描きました。額には夜の天体の象徴である三日月が。この月は、夜の神秘をその光で明るく照らし出しているのです。

Suchard

# スーパームーン

スーパームーンという名称は、1979年、占星術師リチャード・ノールによって提唱されました。すなわち「月が地球に最も接近した状態」で、地球と月と太陽が直線上に並ぶ新月または満月の夜に観測されます。この貴重な天体ショーのあいだ、月は通常と比べて巨大に見え、まるで地上に降り立つかのように見えます。科学者は「近点惑星直列」(「近点」は、月が軌道中で地球に最も接近する点、「惑星直列」は、地球、月、太陽が一列に並んだ状態)という用語で、この現象を説明しています。「近点」と「惑星直列」が組みあわさったとき、月が地球に最も接近するのですが、この偶然の一致はめったに起こりません。スーパームーンが観察できるのは1年に4〜6回で、その機会に月を愛してやまない人びとが熱狂します。2014年8月10日は、その年最大のスーパームーンを観測できるとあって、前売り完売といってよいほどの盛況ぶり。2016年10月16日にも同様のフィーバーが起こり、2017年5月25日、6月24日、12月3日の3回は満員御礼状態でした!

スーパームーンの影響は、目の保養にとどまりません。2004年12月26日に発生したスマトラ島沖地震と、2週間後の2005年1月10日のスーパームーンのあいだに相関関係があるという科学者もいます。同様に、2011年の東北地方太平洋沖地震も、1週間後に観測された、1992年以来最大規模のスーパームーンと関連づける人もいます。

※ スーパームーンと巨大地震との関係は科学的にはまだ証明されていません。マグニチュード7以上の地震は世界で年平均18回も起きているので、偶然の近接を排除するのは意外と大変なのです。

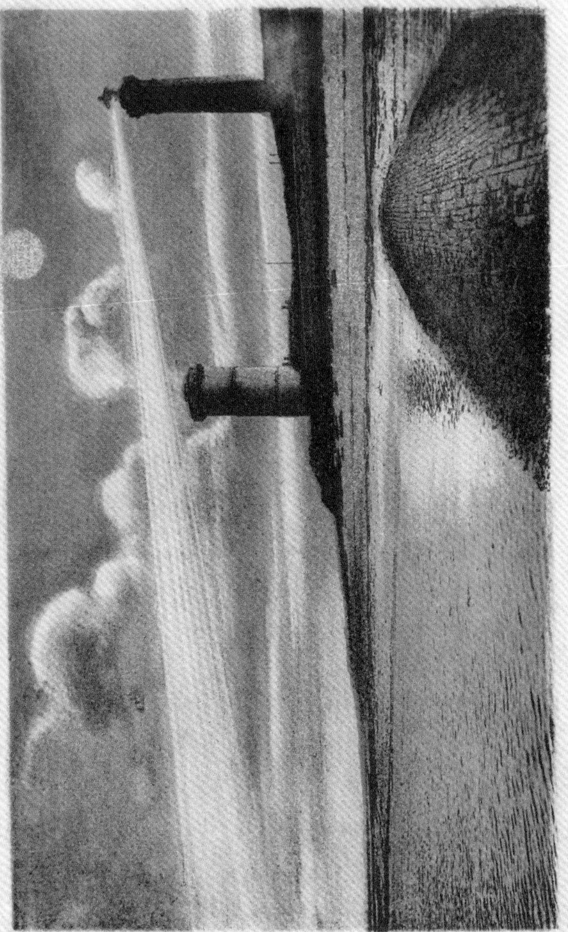

# 月の裏側

数十億年にわたり、月は地球に常に同じ面を見せ続けてきました。しかし、宇宙時代の今日、わたしたちは月の裏側も観測しています。20世紀後半、人工衛星によってその裏側が撮影されたことで、月は最大の神秘をあらわにしたのです。とりわけ、1959年、ソビエト連邦によって打ち上げられた無人月探査機ルナ３号は、世界で初めて月の裏側を撮影することに成功しました。これまで秘められてきた未知の月の一面を目にしたときの驚きといったら！　表と違って月の裏側に海はなく、古い時代の衝突の影響が傷跡を残していたのです。

とはいえ、月齢16日の夜、月は長い時間空にとどまり、表側が暗くなるにつれて、ほんの少しだけ裏の顔を見せてくれます。14日以降、完全なる闇に閉ざされていた月の裏側が、西端にあるコルディレラという名の山脈と東の海の先で光に照らされるのです。

地球から見て、月が周期的にふらつく「秤動(ひょうどう)」という現象のため、わたしたちは全月面の約53%を見ることができます。それでも、見えるのは太陽の光があたっている部分だけであることに変わりはありません。そのため、夜の女王ともいえる月の神秘が完全に解き明かされることは、この先もないでしょう。この逃げ去る天体の美女をつかまえてひとり占めすることは、永遠に不可能なようです。

※ 月の裏側を初めて観測したのがソ連の探査機だったために、月の裏側の地形には、ロシアの偉人や地名に由来する名前が多数つけられています。

# 青い月、赤い月

4月の新月から5月の新月までのあいだの月は「春枯れの月」といって、植物を枯らしてしまいます。これが「赤い月」です。実際、この時期は霜が頻繁に降りるため、植物にとっては災難です！　霜が降りると、すべてのつぼみがしなびて赤茶けて全滅することから、赤い月のイメージが生まれました。

他方、青い月（ブルームーン）は、ある種の満月の別称。グレゴリオ暦の1暦月のあいだに2回あらわれる、透きとおるように青白い顔をした満月をそう呼びます。珍しい現象で、英語には「once in a blue moon」というユーモラスな表現があり、これは「ごくまれに」の意。月の4つの相（そう）——新月、三日月、半月、満月はおよそ29日のあいだに継起するので、同じ月に2回満月が見られることがあります。実は、この「青い月」という表現は、中世の英国で生まれました。古い時代の英語「belewe」は、「青い」と「裏切る」というふたつの意味。1か月に一度のはずの満月が2度めにあらわれたとき、昔の人は「裏切り月（belewe moon）」と呼んだため、意味の混同が生じたようです。

さらに、この青い月は同じ年に何回もあらわれることがあるのをご存じですか？　2018年には、1月と3月に2回もお目見えしたのですが、月面着陸50周年の記念すべき2019年には、ご機嫌を損ねたのか、1回も姿を見せないまま。次に目にするのは2020年10月まで待たなければなりませんでした。

※ ブルームーンと言えば、ロレンツ・ハートとリチャード・ロジャースの名コンビによって作られたジャズの名曲を思い出します。初めてこの曲を聴いたのは「狼男アメリカン」（1982年日本公開）という映画のエンディングでした。

LUNE ROUSSE

# ブラックムーン

世界を闇に沈める新月を、「ブラックムーン」と呼ぶことがあります。軌道上のこの位置では、太陽の光が月にあたりません。空に月は存在しますが、表面が暗いため気づかないのです。毎月、ふた晩のあいだ、空は暗く、世界は暗闇に覆われます。夜空に月がなくても、人は必ずしも不安やストレスを感じるわけではありません。むしろ、ここはしっかりと地に足をつけて、のちの展開に備える準備期間。ひとたび光がもどれば、生物や植物は成長を始め、構想中のアイデアはいっきに発展することでしょう。

しかし、占星学的観点からみると、ブラックムーンは月でも他の天体でもなく、9年かけて黄道上を一周する架空の一点を指します。これは、地球を回る月の軌道が完全な円ではなく、楕円を描いていることから説明されます。楕円軌道にはふたつの焦点があり、ひとつは地球で、もうひとつは仮想の一点。これをブラックムーンと呼んでいるのです。

このほか、神話に登場する陰の女神、地獄の女王リリスもブラックムーンと呼ばれ、ユダヤの伝承『タルムード』では髪の長い、翼のある女性として描かれています。また、精神分析学者によれば、リリスは野生的な女性の原型。人が心のうちに持っている陰の部分――自己陶酔的な欲望、手の届かないものを切望する気持ち、人格の二面性、抑圧され、封じられた可能性もあらわします。

※ ブラックムーンは新月そのものも指しますが、ひと月に2回新月があることや、一度も新月がないことを指すことが多いようです。

# 月の色

実際、月の色は青でもなく、赤でもなく、黒でもありません。わたしたちの目に映る月はむしろ、白、オレンジ、灰色でしょうか……。皆既月食のときは赤銅色に染まり、まばゆいばかり！月の光は、最も明るい星より1万倍も強烈なのです。

夜の空を背景に、月を明るく照らし、みなから愛される温かな色合いを与えているのは太陽です。しかし、実際の月はくすんだ生彩のない色をしています。「月の色を思い出すには、家を出て、ガレージに続く舗装した道を見ればいい」——2度めの月面着陸に成功したアポロ12号の船長、チャールズ・コンラッドは、こう語っています。

澄みわたった夜気のなか、海に相当する暗灰色の斑が染みをつくっている月が空高く、白い輝く姿であらわれても、それは錯覚にすぎません。太陽系のなかで、月は最も暗い天体なのです。灰色の塵が表面を覆った月面の色は、石炭や玄武岩、火山から噴き出して固まった溶岩の色を思い浮かべるとよいでしょう。月の色は、地球の大気を吸収することによって生じ、太陽と同じように、水平線に近づくにつれて黄から赤へと変化します。平均すると、月は太陽光の7%を反射しているのです。

※ 月は惑星やそれらの衛星のなかでは暗い天体ですが、「はやぶさ2」が行ったリュウグウなど小惑星にはさらに暗い暗黒の天体があります。

# 灰色の月

24時間だけですが、月齢の若い月では暗い部分がほの明るい灰色に光って、まるで魔法のように見えることがあります。新月の翌日、夕闇が迫るころ、ごく細い三日月が空に昇り、日没後の紺色に染まった西の空に輝きはじめます。この時間、太陽に照らされているのは月のほんの一部にすぎません。しかし、よく見ると、驚いたことに灰色の残りの部分がうっすら見えるではありませんか。光っている部分より広範囲で、青みがかった灰色に彩られ、なんとも不思議な光景です。太陽に背を向けているにもかかわらず、月の円盤の大半を占める灰色の部分がほんのり光で照らされているのは、いったいどうしたわけでしょうか？

15世紀の初め、レオナルド・ダ・ヴィンチは、レスター手稿にその理由を書き残しています。月は独自の光を発することができず、この位置から太陽は月を照らすことはできません。したがって、考えられる唯一の光源は地球です。地球が鏡の役割を果たし、反射した光が月を照らすことによって生じていると考えられます。これが「地球照」です。地球照によって月の暗い部分が照らされるのは、太陽が地球を照らした光が月に反射し、その反射光が、月を照らす太陽の光に打ち消されない状態、すなわち新月の前後に限られます。

地球照を観察するには、いつがよいでしょうか？　次の新月の夜、それも早朝がおすすめです！

# 月と潮の満ち引き

今からさかのぼること4億年前、月はもう少し地球の近くにありました。干満の差は現在よりも激しかったと考えられます。潮の満ち引きは、月と太陽の相互作用で海の高さが変化することによって生じます。ここでは地球も、変遷の過程でちょっとした役割を演じているのです。

月の引力で海面がいくらか持ち上がり、反対に引力が弱まると、海面は低くなり、1日2回満潮が発生します。月が地球を振り回すことで月と反対側の海水面も上に押し上げられます。今日、地球から近距離にある月の影響で、満潮時には数mの海面の上昇が認められます。しかし、4億年前の干満に比べれば、大したことはありません。当時、月の軌道は地球から34万km程度の距離(現在は38万km)で、そのため潮の満ち引きは巨大でした。このとてつもない満ち潮と引き潮のパワーで、岩が侵食されますが、岩の割れ目や穴が避難所になり、動物たちをまもりました。実は、4億年前のこうした潮の干満こそ、水生動物が陸へ上がるきっかけになり、それから大いなる進化が始まったのです。そして、果てしのない時を経て、人間が出現します。

# 月と学者

古代ギリシアのアリスタルコス（紀元前310－230頃）は、太陽、地球、月が直線上に並んで月食が起こるのを初めて観察しました。アリスタルコスの計算では、地球から月までの距離は、地球の直径の30倍（12,756km×30＝380,400km）。近地点は平均356,400km、遠地点は平均406,700kmです。

1609年、ガリレオ・ガリレイは、倍率20倍の望遠鏡で月を観測。1647年、ヨハネス・ヘヴェリウスは正確な月面図を作製し、『セレノグラフィア』として出版。1651年、ジョヴァンニ・リッチョーリは近代的な月面図を作製し、月面上の300にのぼる地形に名前をつけました。月面の低く平らな土地の広がりを「海」、起伏を「山」と呼び、クレーターには学者や哲学者の名前をつけたのです。2世紀後の1834年、ヴィルヘルム・ベーアとヨハン・メドラーは精密な月面図を100以上作製し、『マッパ・セレノグラフィカ』では500の地形を取り上げています。

エドモンド・ハレー（1656–1742）は、月の周期を初めて計算し、1838年、ルイ・ダゲールは世界初の月の画像を銅版に残しました。また、カミーユ・フラマリオン（1842–1925）は、天体は居住可能で、月には大気があると主張します。その後、アインシュタインは1916年に、月と地球の重力は空間のゆがみによるという仮説を立て、アーサー・エディントン（1882–1944）らがそれを実証します。この英国の天文学者は1919年の日食の際、太陽付近に見える牡牛座の星の写真を撮影しました。

※ エディントンは太陽の近くの星を太陽の光に邪魔されないで観測できる皆既日食の機会を利用して、星の光が太陽の重力によって曲げられていることを観測しました。

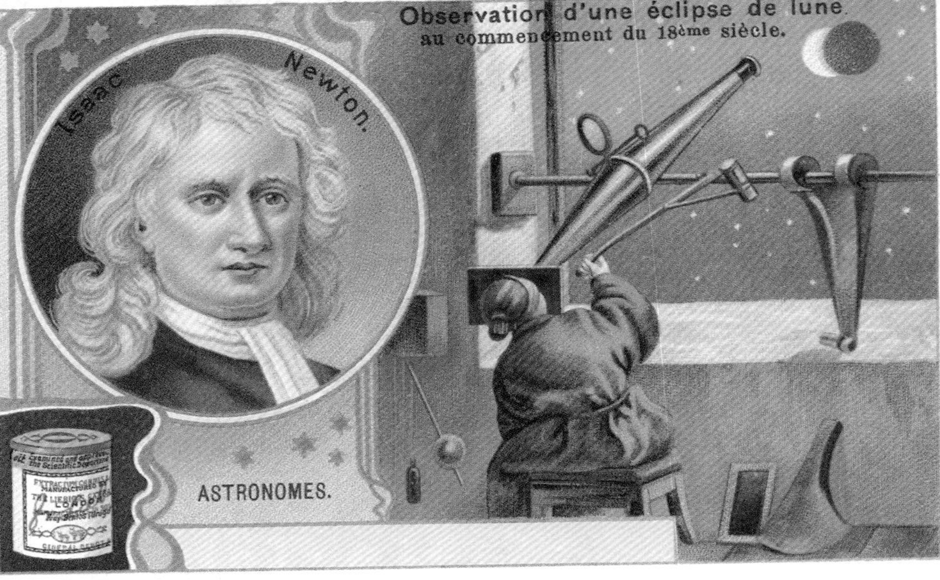
Observation d'une éclipse de lune
au commencement du 18ème siècle.
Isaac Newton.
ASTRONOMES.

# 月の暦

天気を予測する、種まきや収穫の予定を立てる、髪の毛を切るのに最適な日を決める……。そんなときは、太陰暦を参照するのがいちばんです！　月が完全に見える満月からまったく見えない新月に至るまで、月の異なる相がわかります。太陰暦は1か月の日数の平均、29日を1サイクルとします。季節を反映しない点が太陽暦と異なり、いくつかの文明では、とりわけ経過する時間を計測するときに太陰暦を使いました。

暦については、ローマ人がパイオニアです。ローマ暦は、厳密な10進法に従って295日を10か月に分割しました。各月は29日または30日で、新月になると新しい月が始まります。ローマ国王ヌマ・ポンピリウス（紀元前753-673）はこの暦をあらため、1月と2月を追加し、太陽暦と同じく1年を12か月としました。以降、死者の月である2月（28日）を除いて、各月は30日または31日、1年は365日になります。

ムハンマドが確立した太陰暦はやはり12か月ですが、1年は354日で、閏年（うるうどし）のみ355日ありました。

今日、太陰暦はインターネットで調べられます。

# 月への崇拝

時代を超えて、月は偉大なる力を体現するものとして最高位（太陽よりも上位）にランクされ、崇められてきました。

フランス各地でも月は崇拝の対象で、7世紀に聖エリギウスは、月に対する異教徒的信仰を強く非難しました。千年後、今度は宣教師ミシェル・ル・ノブレス（1577－1652）がブルターニュ地方の熱狂的信仰に異議を唱えます。新月の夜、信者たちは月の前にひざまずき、主の祈りのあいだも嘆願し続けました。ほかにも、魔女の薬草を収穫するときは月のリズムに任せたり、月食のときは早く元にもどるように、「お月さま、負けるな（*vince, luna*）！」と叫んで応援メッセージを送ったり。バスク語では「Hil」または「Ilargi」の一語で「神」と「月」の両方の意味をあらわしますが、ギリシア人も同様に、月と権力を関連させて考えていました。

中国では、月への崇拝を示すしるしがあちこちで認められます。戸外で、円月橋と水面に映った橋の形は月の円盤のようです。宮廷で皇帝が着る、たっぷりとした流れるような服は、腕を上げれば丸い月の形を描き、月と同じ丸くて平たい顔をした寵姫に人びとの目は釘づけでした。正妻であろうと愛人であろうと、こうした女性たちは眉を三日月の形に整えたものでした。

モンゴルの人びとは、豊饒の象徴である新月に幸せと幸運を願いました。また、エストニア人、フィン人、ヤクート人は新月の日に婚礼を挙げます。

# 月の神

太陽神にも匹敵する偉大な神は月。月はまさに命の源です。農民は、種子を熟させ、芽を出させ、自分たちを温かくみまもり、死者を埋葬するときには、最後のベッドとして迎え入れてくれる、慈悲深き母なる大地と月を同一視します。異教徒たちは地母神と角を生やした神に信仰を捧げ、多産の象徴である月はお尻の美しいヴィーナスとして描かれます。ギリシア人は月の女神セレネとアルテミスを敬い、女神たちは三日月のモチーフを髪や手につけています。北米原住民のイロコイ族にとって月は永遠なるもの、ペルー人にとっては太陽の妹または妻。インカの人びとは、まるで母親のように月を崇めました。

月に対する愛着は、エジプト人のイシス、フェニキア人のアスタルト、ペルシア人のミュリッタ、アラブ人のアリラトにも見出されます。7世紀のガリアでは、福音伝道に反して、ケルト人は信仰に従い、月の女神ベリサマに祈りを捧げました。ブルターニュ地方では女性のドルイド僧がサン島の聖地に集結し、北欧の人びともマニと呼ぶ月の神を祀りました。

I giorni della settimana.

# 月と動物

原始時代の文化では、月は豊かさのシンボルとして、カエルまたは野ウサギと結びつけて考えられました。いずれも旺盛な繁殖力で知られているからです。アメリカ原住民のあいだに伝わる神話でも、月はカエルまたはヒキガエルと同一視されているのは、月と同じように、カエルたちは姿を消したかと思うと、再び姿をあらわすからでしょう。殻にもぐるカタツムリも、冬眠をするクマも、周期的に姿を消すところが月を彷彿させます。そもそも、クマは天空の動物。空を見上げれば、大熊座と小熊座が光っているではありませんか。

これらふたつの星座の起源をさぐるため、ギリシア神話の悲劇をひもといてみましょう。精霊（ニンフ）のカリストはアルテミスに仕えていましたが、ゼウスに誘惑され、息子アルカスを産みます。しかし、それを知ったゼウスの妻ヘラは嫉妬に駆られ、なんとしてでも母と子を引き裂こうとします。全宇宙を支配する天空神ゼウスは、愛するカリストとアルカスを輝く星に変え、旋風を起こして天に逃がしたのでした。

太平洋に位置するミクロネシアの島々には、天体の起源に関する美しい伝説があります。ある日、2匹のカタツムリを見つけた創造神は困ってしまい、1匹から月を、もう1匹から太陽をこしらえることにしたのだそうです。

Rhacophorus
Grenouille volante
Flugfrosch.
CHOCOLAT SUCHARD
Entrepôt général à Paris, 29, rue de Turbigo.

# 月と民間信仰

オオカミ男は世界各地で報告されています。表と裏のふたつの顔がある月と同じく、オオカミに変身した人間の顔もふたつ。大きな口、きらきら光る目、鉤のように曲がった鋭い歯を持つオオカミ男は、新鮮な肉に飢えると突然、獰猛になります。しかし、太陽が昇るや、子どもや動物をむさぼり食ったばかりだというのに、そんな悪事はすっかり忘れて人間の姿にもどるのですが、力を失い、鬱々としています。こうした呪いをオオカミ憑きと呼びます。

月の影響が顕著なあいだは、あらゆる行動がふだんより大きな結果をもたらします。新月の夜、みそぎをするとエネルギーが満ちあふれるので、若者は数時間かけて、聖人を祀った泉の水に首まで浸かります。ただし満月の夜であれば、泉の水に小指を浸すだけで十分。それだけで驚くべき力が得られます。

満月には要注意です。月が影響力を発揮して、井戸の水を毒に変えてしまうからです。そのため、満月の晩は井戸にふたをしておく必要があります。若い娘さんは、よくよく注意してください。至急の用で、夜、外出しなくてはならないときは、角の形をした三日月にご用心！　月には背を向けること。さもなければ、月の子どもを孕むようなことになりかねません。こうして生まれた子は、「月に憑かれて、頭が変だ」と言われてしまいます。それだけではありません。プライベートをさらしすぎると、間違いなくモンスターが生まれるのだそうです。

# 月と中国

有人宇宙船の打ち上げから10年後の2014年10月、中国はサンプルを持ち帰ることを目的として、月に探査機を打ち上げました。1976年にソ連が打ち上げた無人月探査機ルナ24号以降、月からサンプルを持ち帰ることは一度もなかったのです。2013年、嫦娥3号による月探査計画で、中国は月面車玉兎号を走らせることに成功します。しかし、玉兎号は、月面の過酷な環境に耐えることができませんでした。

その後中国は、2020年、嫦娥5号で月のサンプルを持ち帰り、高速での大気圏再突入に成功しますが、これは簡単なことではありません。なにしろ、月から帰還するカプセルの速度は、秒速11km(時速約4万km)を超える速さなのですから！　現時点で、この快挙を達成しえたのは米国、ロシア、日本だけ。中国は再突入時の負担を減らすため、月の上空で周回機にドッキングして、地球上空5,000kmの高さでサンプル回収機だけを投下することを計画しました。

また、2018年には宇宙ステーションの実験モジュールを軌道に乗せ、国際宇宙ステーション(ISS)の運用が終了する2024年をめどに、中国独自の常駐宇宙センターの建設をめざしています。

中国は、人間が月面を歩くようになることを期待していますが、2025年以前に実現するのは難しいでしょう。

※ 玉兎1号は月の厳しい環境のせいで走行不能になってしまいましたが、972日間もの長期に渡って機能しました。嫦娥4号で運ばれた玉兎2号はさらなる安定度で数多くの観測データを地球に送っています。

# 月とエジプト人

数学に長(た)けていることで知られるエジプト人は、時間についても巧妙に分割します。365日に一度、恒星シリウスが「太陽と同時に出没すること(ヒライアカル・ライジング)」(夜明けの光とともに、地平線上にいちばんに姿をあらわします)に注目し、暦をつくりました。

1年を等分し、月のサイクルに基づいて30日×12か月に分類し、さらに各月を10日ごとの3週間に、1日を3つのパートに分けました——これは、月の3つの相を反映しています。こうした分割の方法から、新月後の三日月は1日の最初の3分の1(夜の半ばから夜明けまで)、満月はなかの3分の1(朝から午後まで)、満月前の三日月は後半の3分の1(真夜中まで)に相当すると考えていることがわかります。1年は365日なので、5日を付加日として年末に加え、オシリス、セト、イシス、ネフティス、ホルスを順に祝いました。エジプトの暦は、太陽のサイクルと比較すると、4年ごとに1日の割合でずれが生じます。

# 月とエスキモー

ある日のこと、小さなイグルーのなかでシキニクはびっくり！ランプの灯を消すや、見知らぬ男がベッドに侵入してくるではありませんか。いったいだれだろうと怪しんだシキニクは、策を講じます。手に煤（すす）をつけて、相手の顔に塗りたくったのです。ことが済むと、男は宴（うたげ）がおこなわれているイグルーにもどってゆきました。シキニクが男の跡をつけると、笑いと冷やかし声に交じって、兄の名が聞こえてくるではありませんか。シキニクは即座に姿をあらわすと、みずからの胸を削ぎとって兄に突きつけます。「わたしの体を存分に楽しんだのだから、これを食べるがいい」――そう言うと、燦然と輝くランプを手に取り、その場を去りました。兄は跡を追いますが、ぐるぐる回っているあいだに、運悪くランプの灯が消えてしまいます。兄と妹はそれぞれ天に昇って月と太陽になり、それからは遠く離れてしか顔を合わせなかったということです。

エスキモーの子どもも、ほかの民族の子どももみんな、月を眺めるのが大好きです。なぜなら、とりわけ北半球では、月にウサギがいるのが見えるから。ウサギの前脚は雲の海と湿りの海、鼻と長い耳は雨の海と嵐の大洋、いたずらっぽい目は明るく光るケプラー・クレーター。さらに、後ろ脚のように見えるのは神酒の海と豊かの海、しっぽの先は危難の海です。

※ 日本の子どもが見る餅をつくウサギとは、上下逆になっています。

# 月とシュメール人

紀元前2,500年、メソポタミアの人からシンまたはナンナ(輝く光)の名で愛されていた月は雄々しい神で、牡牛の象徴でした。瑠璃の立派な青ひげをたくわえ、頭には大きな角のついた王冠をかぶっていることも。この角は牡牛のシンボルですが、同時に三日月もあらわしています。シンは大きな三日月形の舟で空を渡り、シュメール人は、太陽は月の子だと考えています。

古代メソポタミアの都市国家ウルに建てられた、聖塔ジッグラトをはじめとする巨大な建造物は月を祀る神殿であると同時に、天文台の役割を果たしていました。シンの妻ニンガルは三日月で、肥沃な畑と多産を象徴し、「豊饒の角」とも呼ばれます。シュメール帝国の崩壊後、イスラムが台頭しますが、月に対する信仰の火は途絶えることなく、ハッラーン(現トルコ南東部)にある月の神殿では、今も人びとが黙祷を捧げています。

# 月とギリシア人

ギリシア神話で、セレネは月の女神。巨人神ヒュペリオンとテイアの娘で、太陽神ヘリオスの姉妹です。輝くばかりの美しさで、白または銀色の流れるような長い服をまとい、額には逆さになった三日月をつけ、翼のある2頭の馬に引かれた銀の馬車で空を駆けめぐります。セレネとヘリオスは仲むつまじく、いつも協力しあって行動しています。ヘリオスが天空を一周すると、今度はセレネが駆け出し、まばゆい美しさで世界を明るく照らすのです。

神話のなかで、セレネは満月の女神。三日月のアルテミス、新月のヘカテとともに三神を構成しています。ヘカテもセレネ同様にふくよかですが、輝きはなく、獅子、犬、馬の3つの頭があります。これは、月の3つの相（新月のあとの三日月、満月、新月の前の三日月）、人生の3つの局（繁栄、衰退、死）を象徴しており、3つの領域（大地、海、空）をつかさどっています。

セレネには何人もの愛人がいます。牧神パンは白い牛の群れを贈ってセレネを誘惑し、ゼウスはヘルセー、パンディアというふたりの娘を授けました。羊飼いの美少年エンデュミオンに、セレネはその美しさを飽かず眺めていられるよう、永遠の眠りを与えました。また、セレネとエウモルポスのあいだにできた子がアテナイのムーサイオスだとされています。

DIANE.

# 月とイスラム教徒

9世紀から11世紀にかけて、アラブ人は天文学に親しみ、空をよく観察していました。そのおかげで、月に関して多くのことが発見されたのです。

アラビアの天文学の黄金期は、アッバース朝のカリフ、アル＝ラシドの時代。息子のアル＝マムーンは813〜833年にバグダッドを統治し、世界初の図書館（広大な「智慧の館」）と、829年には常設天文台を建設しました。9世紀イスラムの高名な学者アル＝フワーリズミーは、最古の代数学書『代数学約分と消約の計算の書』を書いたのち（なんと、アラビア数字はインドから来ていたのです！）、アラビアとインドの天文学を融合させた『天文表』を著し、太陽、月、惑星の位置に関する一覧表を作成するとともに、月食や月の相を研究しました。また、同時代のアル＝ファルガーニーは、プトレマイオスの原理に基づく天文学の入門書『天の運動と天文知識の集成』を著し、この本が12世紀にラテン語に翻訳されたことにより、西洋できわめて重要な役割を果たしました。

994年には、現タジキスタン出身の天文学者アル・クジャンディにより、テヘラン近郊にあるレイの天文台に巨大な壁面六分儀が建設されます。1度の60分の1に等しい角度以上まで正確に測定する計器ができたことで、惑星の軌道を決定する要素のひとつ、精密な黄道傾斜角を求めることができるようになりました。

MAHOMET 2.
L'archange Gabriel conduit Mahomet
à la vision d'Allah.

# 月のシンボル

紀元前1,500年、メソポタミアの人びとは、太陽の父である月の神に加護を祈っていました。フランス語で月は女性名詞ですが、男性でもあるのです！　人びとは月を祀った神殿に黙祷を捧げに訪れましたが、同時にここは学びの場でもありました。月の神殿は天体の観測所でもあったからです。

月にはふたつの名前、シンまたはナンナがあり、いずれも豊饒のシンボルです。月の神は大きな角を飾った王冠をかぶり、瑠璃の青ひげをたくわえています。大きな船に乗って空を駆け、ニンガルという名の妻がいました。ニンガルは三日月で、肥沃な土地と多産の象徴です。

ギリシア神話で、アルテミスは三日月のモチーフを髪につけるか、手にしています。アルテミスは新月から満ち始めた月をあらわし、幼年時代の守護神でした。一方、アフロディーテは満月、人の人生においては大人になって結婚する時期を象徴しています。そして、ヘカテは新月へと欠けゆく月。年老いて、成熟し落ち着いた年月(としつき)に相当します。

ローマでは、誇り高く気高い狩人のディアナの姿で、月を描くことがよくありました。月は彫刻や版画のなかで、三日月の冠をいただいた、輝くばかりに美しい夜の女王として描かれています。また、月に水はつきものですから、水浴びをしているところを描いた絵もよく見ます。

# 月と国旗

月は国旗上に描かれることもありますが、月面に国旗が立てられた例もあります。それはアメリカ合衆国の旗で、人類が達成した歴史的第一歩でした。1969年7月20日、ニール・アームストロングは史上初めて、月面に90×152cm、重さ4.2kgの星条旗を立てます。月に大気はありませんが、旗は月面で「たなびいている」ように見えました（旗はワイヤーが織り込まれ、きつく折りたたまれていたのです）。

片や地球では、月（とりわけ三日月）または星の表象は、バビロニアと古代エジプトの時代にさかのぼります。9世紀には、中央アジアからトルコに移住してきたテュルク系民族が月を象徴として取り入れました。以降、この選択は中東全域に広がり、異教の儀式に、次いでイスラムに採用されます。今日、多くのイスラムの国々が、オスマン帝国（アルジェリア、チュニジア、リビアの旗をごらんください）、パキスタン、トルクメニスタンの伝統にのっとり、三日月と五芒星を配した国旗を掲揚しています。色や配置は異なるものの、月と星の組合せを国旗に用いている国はおよそ20か国。古典的な月の表現は、白地に緑の三日月が縦に大きく、緑の星に対して開かれた向きに配されていました。その後、色が緑から赤（チュニジア、トルコ）、黄または青（マレーシア、コモロ、東トルキスタン）へ変わると同時に、三日月の配置が水平になったり（モーリタニア）、左を向いているかと思えば（新月のあとの三日月）、右を向いていたり（新月の前の三日月）。月に対する人びとの想像力の豊かさがうかがわれます。

# 月と魔女

とりわけ魔女は、好んで月を信仰の対象にしていました。月食で暗い夜は、黒魔術に好都合。毎月、月が空から姿を消す新月の前後3日間ほどは、長いあいだ不吉とみなされ、お祓いをするため、バビロニア人は断食と祈りに身を捧げました。月のない晩、悪のパワーは限りなく増大し、霊感を得た魔女たちは、ローマ神話の月の女神ディアナの威光の下、太古の昔から受け継がれてきた伝統に忠実に従いました。完全なる闇を幸いとして、魔女と月の祭司たちは呪いをかけ、その不幸は取り返しがつきません。魔女たちの言葉のとおり、天体の運行がひっくり返ったらどうしようという恐ろしい考えに、人びとは身を震わせたものでした。

シェイクスピアの『マクベス』もそうですが、魔力は現実の儀式で使用されているものに由来し、必要な材料は辛抱強くすべて集めてこなければなりません。なかでも、月食の夜に集めた夜露には、強力な魔法の力があります。もちろん、教会はこうした実践を非難しましたが、キリスト教徒たちが魔女の実践と自然現象に対する崇拝を混同していたことは否めません。

# 中世の月

ルナリアの白く透き通るような実は満月を彷彿させ、想像力をかき立てます。人びとは、この花には魔法の力があると信じていて、釘を抜く力はそのひとつ。そのため、馬に乗る人はみな、この花に動物を近づけないよう固く言いわたされていました。蹄鉄を失くすおそれがあるからです。魔術師たちは、聖ヨハネの日の前夜、暗いなかを手探りで歩いて、月光のもとでこの花を摘むよう勧めていました。

当時、教会は地球を宇宙の中心とする天動説を支持し、それに異議を唱えるものはだれであろうと迫害したので、中世の天文学の研究をおこなったのはもっぱらアラブ人でした。15世紀末にようやく、天文学もルネサンスを迎えます。ポーランド人ニコラウス・コペルニクスが、宇宙の中心は地球ではなく太陽だと主張し、革命をもたらしたのです。太陽中心説だけにとどまらず、月の運動理論を大幅に簡素化し、月と地球の距離に関するプトレマイオスの誤りを修正しました。

16世紀になると、ティコ・ブラーエが満月、上弦／下弦の月、新月と変化するあいだで、月が円軌道を描いていると想定した位置よりも、実際の月が72分（1度12分）早く進んだり遅くなったりすることを発見します。また、月の年周視差についても書いていて、のちに、ヨハネス・ケプラーが解析しています。

※ 月の周期が地球を回る公転周期より少し長いのはなぜでしょうか？　それは、月が地球を1周する間に、地球も太陽の周りを少し回るので、太陽と地球と月が一直線になるためには、月はもう少し地球の周りを回らないといけないからです。

8

# 月と女性

女性を月になぞらえるときには、賞賛の気持ちが込められています。

何千年も前から、月は詩人にとってのミューズでした。北欧神話やゲルマン神話には、天地創造の翌日に女性の巨人ゲルドのことが書かれています。まぶしいほどの白い腕は、月の光を思わせ、その夢幻の美に男の巨人たちは夢中になりました。太陽の光のような豊穣神フレイはゲルドを見るや、たちまち激しい恋に落ち、燃えさかる恋の炎を打ち明けたいという気持ちに駆られます。以来、ふたりはともに永遠の旅を続けています。

気持ちが変わりやすい女性と同様(「女心と秋の空」と言うではありませんか)、月も日に日に形を変えます。月と女性は切り離せない関係にあります。夜空に輝くまあるい月さながらに、妊娠中の女性のお腹は丸くふくらみ、出産と同時に細くなります。28日という月経の周期は、月の周期(27日55分)に対応しています。期間が同じなのは、いずれのサイクルも4段階に区分されるからで、およぼす影響もよく似ています。生理のあとの排卵前期は満ちてゆく月。排卵前期の8日に対し、月は12日から13日かけて丸くなります。排卵期が重要なのは女性も満月も同じで、期間はいずれも1日。月経前期は月が欠けてゆく時期に相当し、それぞれ14日と12〜13日です。最後が月経で、新月にあたります。前者は5日ほど続き、後者は1日です。

C LUNE
DIAMÈTRE
3.480 KILOM.
DISTANCE
384.420 KILOM.
RÉVOLUTION
27J. 7H. 43M.

# 月と猫

オオカミや犬など、イヌ科の動物は月に向かって吠えますが、文献を調べると、猫も同じような行動をします。メス猫を求めてうるさくわめきたてるオス猫や、発情期のメス猫の鳴き声がそうです。月と猫はよく比較されますが、それも至極ごもっとも。月と女性には同じようなサイクルがあるのに対して、メス猫には人間の女性でいう更年期は存在しない点が月と同じです。

猫と月は、古代から続く長いご縁で結ばれています。エジプト神話に登場する月の女神セクメトの双子の姉妹バステトは、体は人間の女性で頭は猫。古代ローマでは、『エジプト神イシスとオシリスの伝説について』の著者プルタルコスが、メス猫と月を比べて書いています。かつて、メス猫は生涯で7度お腹が大きくなり、全部で28匹の子猫を産むと考えられていました。28という数字に、思いあたることはありませんか？　28は月経周期に呼応しています。女性、月、猫のトリオによるこの偶然の一致は、興味深いことです。

そういえば、猫の目も月に似て、満月みたいに丸いか（たとえば、セルカークレックス）、アーモンドの形をしています。虹彩の色は猫の品種によって、黄か赤銅色（たとえば、シャルトリュー）など実にさまざま。それこそ、月と同じぐらいバリエーションがあります。

# 月と船乗り

船乗りにとって、月は強力な武器。潮の満ち引きについて教えてくれるだけでなく、夜に光で視界を照らし、航路を示してくれます。姿はなくとも月がそこにいることは、潮の干満でわかります。海の水が月の引力で引き寄せられているのです。船乗りは、沿岸の潮汐波（ちょうせきは）がなぜ起こるのか知っています。太陽系内の太陽、地球、月がほぼ一直線に並ぶ「惑星直列」という現象に加え、太陽と月の動きを考慮に入れなければなりません。それによって満月と新月のころには大潮が起こり、上弦と下弦の月のころに小潮が起こるのです。いずれも、海の男たちが船を操縦するときの重要な指針になります。

満月の夜、空はおだやかで、視界は開け、岩やほかの船などの障害物があってもすぐに発見できますので、航行時の負担は減ります。船の位置を把握するときは太陽を目印とし、さらに正確な計測をする場合は月や惑星などの星を探します。航海用の暦を参照して、天体の位置を調べればよいのです。そうすれば、地図を捨てて、自分の目をたよりに航行することができるでしょう。ボードレールの詩を思い出しながら——「自由な人間よ、常に君は海を愛する筈だよ！」

『悪の華』（堀口大學訳、新潮文庫）

※ 今の船乗りは、全地球測位システム衛星、いわゆるGPS衛星という新しい星を頼りに航海しています。

Constellations:
La Croix du Sud (Hemisphère austral)
EXTRACTUM CARNIS
THE LIEBIG'S EXTRACT
LONDON

# 月のお祭り

月への信仰は絶えることなく続いています。伝統にのっとって大々的な祭りがおこなわれ、とくに中国では月の庇護のもと、家族や親戚一同が集まります。秋の半ば(旧暦8月15日)の中秋節、中国各地で祭りはたけなわ。大人も子どもも、老いも若きも、この愉しいお祭りを機に集まるので「団欒節(だんらんせつ)」とも呼ばれます。この時期、空にはまあるい満月がこのうえなく美しく輝いており、人びとは、まるで月が家族をみな呼び寄せたかのように思うのでしょう。

お祭りの日の晩、時を超えて思い出される中国の伝説があります――遠い昔、そのころ地球のまわりには10の太陽があり、順番に地球を照らしていました。ところが、ある日、すべての太陽が同時に光りはじめたため、地球は酷暑に襲われ、作物がすべて枯れてしまいます。弓の名手、后羿(こうげい)が、ひとつの太陽だけが輝くように、残りの9つの太陽に向かって弓を放ち、射落としたことで地上は平穏を取りもどしました。后羿は褒美(ほうび)として、半人半獣の女神、西王母から不老不死の薬を贈られます(10の太陽の父親である天帝によって、罰として贈られたとする説もあります)。しかし、それを飲んだ后羿の美しい妻、嫦娥(じょうが)は月に昇り、愛する夫をそこからひとりで眺めるほかなくなったため、后羿は悲しみにくれたということです。

2021年9月21日の夜、月餅を食べているあいだ、月を見上げてごらんなさい。嫦娥が世界をみまもっています。

※ 中国の月探査機は嫦娥という名前がついています。これまで嫦娥1号から5号までが月探査に成功し、今後嫦娥6号、7号、8号も打ち上げられる予定です。

TON FRÈRE A LA LUNE, TU AURAS LE SOLEIL

# 月と芸術

広告業者、企画者、装飾家は、月に強い喚起力があり、子どもから老人まで幅広く訴えかけることをよく知っています。メッセージを発信するのに、月ほどふさわしいモチーフはありません。19世紀以降、次のようなことがありました。

1865年、『ラ・リュンヌ(月)』紙は、『ル・ソレイユ(太陽)』紙と張りあっていました。1868年、この新聞は街から姿を消しますが、数日後に『レクリプス(月食)』と名称を変え、復活します。1920年代には、ワインの「ニコラ」や「デュボネ」のポスターのデザインに月が使用されました。フランス以外の国では、地下鉄が月のモチーフとともに走ったことが知られています。

石油会社のシェルは、人びとの目を引きつけるために、月のイメージを使った広告キャンペーンを展開しました――満月の下で、先史時代の遺跡ストーンヘンジの巨石が環状に並んで直立しています。

装飾美術の分野では、箱やイヤリングやペンダントやコーヒーカップやティーポットや灰皿やパッチワーク等々で、満月または三日月がモチーフに使用され、国境を超えたユニバーサル・デザインといっていいでしょう。

注目されるのは、三日月が人の横顔として表現されていることです。いったいだれが、こんな突飛なことを思いついたのでしょう！　いちばん横顔らしいのは月齢6日の月で、危難の海が目のように見えます。

※ 日本で月のマークといえば、明治時代から月をロゴマークとして使っている花王が思い浮かびますね。

Best on Earth
Best in the Air

"Shell" Motor
SPIRIT

# 月と音楽

1801年にルートヴィヒ・ヴァン・ベートーヴェンが作曲したピアノ・ソナタ第14番『月光』は、いわば月への頌歌(オード)。この曲を「月光」と名づけたのはドイツの詩人ルートヴィヒ・レルシュタープ(1799–1860)でした。なんでも、この曲の第1楽章をスイスのルツェルン湖で「月光の波に揺らぐ一艘の小舟」と形容したとか。しかし、3つの拍子(2/2拍子、3/4拍子、4/4拍子)で表現されるこの曲特有の重々しく規則正しいトーンは、むしろ葬送行進曲にふさわしいかもしれません。

実際、この『月光』はかなわぬ恋の物語にほかなりません。この曲を書いたとき、ベートーヴェンの魂は喪に服していました。15歳年下のジュリエッタ・グイチャルディ伯爵令嬢との結婚は、未成年だからとの理由でジュリエッタの両親の反対に会い、実現されなかったからです。月を失意の証人として、ベートーヴェンはこの傑作を書き上げたのでした。

晴れやかで美しいピアノの音色に思わず引き込まれる、ドビュッシーの傑作「月の光」は、1890年ごろから書きはじめて完成に至るまでほぼ15年という年月を要した『ベルガマスク組曲』の第3曲めにあたり、ヴェルレーヌの詩「月の光」(詩集『艶なる宴』に収録)に着想を得ています。ほかにも、月にインスピレーションを得た曲はたくさんあります。1912年にアルノルト・シェーンベルクが作曲した『月に憑かれたピエロ』。1939年にカール・オルフが作曲したオペラ『月』……。

ジャック・プレヴェールが書いた『つきのオペラ』(1953年)は、幼いミシェル・モランが月旅行について語っているのですが、それは夢のなかのお話です。

La lune de miel

# 月と絵画

月は、移ろいゆく光で画家たちを魅了してきました。ゴッホやミレーは、わたしたちに月の未知なる面を垣間見せてくれます。同じ風景なのに、日の入り前とあとでは明るさばかりか景観まで違って見え、まったく異なる雰囲気なのです。蒼穹(そうきゅう)の下、月の偉大さにうちひしがれているのでしょうか、木々は大地に根を下ろし、ふだんより身を寄せあっている感じで、たしかに世界のバランスが変わって見えます。ルーベンスやファン・デル・ネールによる有名な月光から、メスレ、ル・シダネル、アンリ・デュエム、ハリソンが繰り返し絵に描いた月の出、春枯れの月、朧月(おぼろづき)に至るまで、作品をひとつひとつ眺めているとコローの言葉が思い出されます——「なにも見えないけれど、すべてはそこにある」。

どこにいようと、月はわたしたちのそばにいますが、別の空の下では異なって見えるようです。ラファエル前派のホルマン・ハントは、1850年から1870年にかけて、ロンドン、フィレンツェ、ベルン、シリアで月のさまざまな面を表現しました。1872年、ジョージ・ヘミング・メイソンは『ハーヴェスト・ムーン』という作品で田園の月を、1880年、セシル・ローソンは『オーガスト・ムーン』を描きました。また、ホイッスラーは『ノクターン』シリーズで、『灰色と銀のアレンジメント』と並んで、『青と金色』『青と銀色』『肌色と銀』にけぶる月を、わたしたちに見せてくれました。一連の作品は、夜があらたに創造した調和(ハーモニー)を表現しています。

# 月と建築

歴史的に名高い建造物は、月の方角に向けて建てられていることが多いのですが、とくに芸術的こだわりがない場合でも、月にあやかった名称で呼ばれることがあります。

円月橋は、中国や日本の庭園でみられるアーチ型の歩行者専用の橋。また、ブザンソンの城塞（シタデル）やサン・テティエンヌの防壁は、凸型の半月堡（ほ）と後方の凹角堡が城塞を強化している典型的な例です。

ペルーの月の神殿や、エトルリアのネクロポリス（墓地遺跡）にある太陽と月の墓のように、月は神秘的な建造物に威光をもたらしています。メキシコのテオティワカンの遺跡は、まさに巨大都市といっていいでしょう。およそ4kmの死者の通りが北にある月のピラミッドまで続き、遺跡の一部は太陽または月の方角に向けて建てられています。

紀元前3,000年に造られた、スコットランド・カラニッシュのストーン・サークル（円形石柱群）では、広大な草原に50の巨石が列をつくっていて、月の位置に基づく暦として使われていました。南の方角をみやると、遠くクリシャム山を背景に、列石が真夏の満月を指しているのがわかります。

ポルトガルのエヴォラ地方アルメンドレスのストーン・サークルは、50kmほどの距離に、アンタ・グランデ（ザンブジェイロ）と、長方形に巨石が並んだスアレス（モンサラス近郊）のふたつの古代遺跡があります。

# 月とフランス文学

月に捧げられた最初の物語は、2世紀にサモサタのルキアノスが書いた『本当の話』。のちのフランソワ・ラブレー『ガルガンチュアとパンタグリュエル』にも、大きな影響を与えました。

フォントネルからカミーユ・フラマリオンに至るまで、月の奇想天外な物語は基本的に虚構ですが、明快な目的がありました。物語を読んだ人は、月は到達不可能ではなく、月の住人はまちがいなく存在すると思ったものです。こうして誕生したのがサイエンス・フィクション。正確なデータに基づいているのではないかと、思わず信じてしまいます。カミーユ・フラマリオンが1877年に『天空の大地』を書いたときは、理解可能な話にするのが目的でしたから、未来を見通したこれらの本の著者は、作家であると同時に学者でもありました。とはいえ、ときには文学的こだわりがそれにまさることも。

1655年にシラノ・ド・ベルジュラックが書いた『別世界又は月世界諸国諸帝国』は、とんでもない月物語の傑作で、いかなる科学的事実に基づくことなく書かれています。主人公は露を満たしたガラス壜をいくつも体にくくり付けるだけで、月まで飛んでいってしまいます(この壜は、次の『太陽諸国諸帝国』では、太陽まで連れていってくれます)。月で主人公は人間に似た生物に遭遇しますが、その風習は真逆でした。

2世紀ののち、ジュール・ヴェルヌは、ベルジュラックとケプラーからインスピレーションを得て、『月世界旅行(地球から月へ)』(1865年)と『月世界へ行く』(1869年)を書きます。これらの小説は科学的裏づけに基づいて書かれていますので、読者は月に関する知識を得ることができます。

J'ÉCRIS UN POÈME
OÙ L'ON TROUVERA
UN PLAISIR EXTRÊME
QUAND ON LE LIRA

# 月とその他の国の文学

フランス以外の国では、17世紀初めにもっぱら虚構の話だった文学が20世紀に入るとリアリティを獲得して、科学的進歩を遂げました。

『ケプラーの夢』(1634年に死後出版)で、この偉大な天文学者は、主人公が夢のなかで月へ行き、悪魔のような精霊に出会う話を書いています。ケプラーがこの空想小説を書いたのも、自分の知識を読者と共有したいという意図があったからです。実際、本書のなかでケプラーはコペルニクスの説を擁護しており、読者は地球が太陽のまわりを回っていることを知るのです。

1638年、フランシス・ゴドウィンの『月の男』が出版されます。英国の主教だったゴドウィンは、ガチョウに乗って月へ行ったスペインの冒険家の物語を書きました。荒唐無稽なお話ですが、科学的根拠がないわけではありません。

19世紀末になると、未来を予言するH. G.ウェルズの『月の世界を見た男』が、宇宙開発のなかで重要な役割を果たします。この小説はその後、1960年から1961年にかけてフランスの日刊紙『ユマニテ』で、マンガとして掲載されます。

もうひとつ、ここで紹介しておきたいのが、1968年刊行のアーサー・クラーク『2001年宇宙の旅』。1961年に出版された『渇きの海』と同じ作者です。本作品では、文学性と科学的知見が理想的に融合しています。

※「2001年宇宙の旅」はアポロ月着陸の前年の作品ですが、そのころの地球人はみな、2001年には当然月基地ができているものと考えていました。

Aventures de Mr de Crac.

# 月と作家

月はいつの時代にも、作家にインスピレーションを与えてきました。人類の歴史で最古の文学のひとつが、紀元前に書かれた『ギルガメシュ叙事詩』。月の女神から送られた牡牛と半神との対決が描かれています。以来、アレクサンドル・デュマ、エドガー・ポー、ジュール・ヴェルヌ、アルフォンス・ラマルティーヌ等々、多くの劇作家、詩人、小説家が月をテーマとする作品を手がけてきました。それぞれ、人間が実際に月に到達する以前に、月面に降り立つための方法を考案しています。

シラノ・ド・ベルジュラックの月世界旅行記では、ロマン主義と写実主義がせめぎあっています。作者は、月の住人どうしにたわいない議論をさせておもしろがっているよう――「しかもきみはこの一物を恥部と呼ぶのだ。それではまるで、生命を与えるよりも名誉なことがあって、生命を奪うよりも恥ずべきことがあるとでもいうようじゃないか」。

また、月に魅せられたもうひとりの作家、アルベール・カミュは書いています。「あの死なら、なんでもない。誓ってもいい。ひとつの心理によって、おれには月が大切なものになった」。

今日、子どもの本棚でも、月の本をよく目にします。アンネ・エルボー『おつきさまはよるなにをしているの？』、フローレンス・ギロー『月のふしぎ』、キャロリン・カーティス『おつきさまとさんぽ』……。そして、いつまでも子どもの心を持ち続けている作家、ミシェル・トゥルニエの名を最後に挙げておきましょう。

『ユートピア旅行記叢書1』（赤木昭三訳、岩波書店）
『カリギュラ』（岩切正一郎訳、ハヤカワ演劇文庫）

# 月とマンガ

『タンタンの冒険』の作者エルジェは、1954年に『月世界探険』を発表。リアルな表現に、人びとはあっと驚かされました。15年後の1969年7月20日、ニール・アームストロングは、人類史上初めて月面に第一歩をしるします。エルジェのマンガでタンタンの一行が着陸したのは、月の表側の中央に位置するヒッパルコス・クレーター。広大な風景には、演出に役立つ要素がすべて揃っていました。長く伸びた影は月の1日が始まったばかりだという証拠で、太陽が地平線の低い位置に見えます。「なんという壮大なる荒地だ！」アームストロングに続いて、2番めに月面に降り立ったバズ・オルドリンはそう叫んだとか。対して、タンタンは「おそろしい荒れ地だ」と表現しています。絵本の表紙のディテールを見ると、まるでエルジェが未来を予見していたかのようです。宇宙服、ロケット、クレーターのある月の風景……、空の片隅には青い地球が小さく見えますし、1971年以降、実際に使用された月面車（LRV）も先取りしています。

タンタン・シリーズの成功後、科学技術と絵の才能を駆使したフレンチコミックの傑作が続々と生みだされます。『ブラック・ムーン・クロニクル』『月の港』『月は白く』『月の子』『月の部族』『アポロ11号』……。もっと小さい子には、トミー・ウンゲラーの絵本『月おとこ』はいかがでしょう？　きっと、月の上でひとり退屈しているでしょうから。

※ ヨーロッパでのタンタンの人気は絶大です。第二次大戦以前に生まれたキャラクターでありながら、現代の本屋にも必ずシリーズが置かれている、世代を超えた人気キャラクターです。

F.lli Gaglio
Rho

# 月と映画

数々の忘れがたい作品を残した、フランスの映画作家ジョルジュ・メリエスは、ジュール・ヴェルヌの『月世界旅行（地球から月へ）』からインスピレーションを得ています。1902年公開のモノクロ・サイレント映画『月世界旅行』以降、観客を驚嘆させた傑作は1968年のスタンリー・キューブリック『2001年宇宙の旅』まで待たなくてはなりません。

とはいえ、月はそのあいだも、ブルース・ゴードンとJ. L.V.リー『月世界最初の人間』（1919年）など、多くの美しい映画に貢献しました。10年後の1928年にはフリッツ・ラング『月世界の女』が、次いで1950年にはアーヴィング・ピシェル『月世界征服』が公開され、月に関する映画は、ほぼ定期的に製作されるように。具体的には、1953年のアーサー・ヒルトン『月のキャット・ウーマン』、1958年のバイロン・ハスキン『宇宙冒険旅行』、1963年のリチャード・レスター『月ロケット・ワイン号』、1983年のジャン＝ジャック・ベネックス『溝の中の月』、1990年のクロード・ルルーシュ『夏の月夜は御用心』があります。

科学的根拠に基づく映画として重要なのは、ロン・ハワード『アポロ13』（1995年）、ダンカン・ジョーンズ『月に囚われた男』（2009年）。2012年は、ティモ・ヴオレンソラ『アイアン・スカイ』、マイケル・ベイ『トランスフォーマー／ダークサイド・ムーン』、ゴンサーロ・ロペス＝ガイェゴ『アポロ18』など、月関連の映画が豊作でした。

※『2001年宇宙の旅』では、月の精緻な描写に驚かされます。

EXTRACTUM CARNIS LIEBIG
GENERAL DEPOT, ANTWERP
MAIS LA LUNE CRUELLE PARAIT SOURDE A SON CHANT,
ET L'ÉTOILE GÉMIT ET PLEURE EN S'ÉLOIGNANT.

# 月と詩

月の光は、偉大なる詩人たちのインスピレーションの源。とりわけ、フランスと日本の詩人にとってはそのようです。俳句の大家、松尾芭蕉の「雲をりをり／人をやすめる／月見かな」は、月が人間におよぼす影響を端的に表現し、夜空に輝く青白い月の光は、メランコリックな哀しみを誘います。

月は、わたしたちをみまもる一方、呪いをかけることも。ヴィクトル・ユーゴー「月の光」でも、アルフレッド・ド・ミュッセ「月に寄せるバラード」でも、月は寄り添うような、突き放すような視線を投げかけています。ボードレール「機嫌を損じた月」は、人間界を見下ろし、悲嘆に暮れているのでしょうか。『悪の華』の詩人は、「上の空なる手も軽く／われとわが乳房をさする」と、月を女性の体になぞらえます（「月の悲哀」1861年）。また、テオドール・ド・バンヴィルが『ロンデル』（1874年）で書いているように、月は気まぐれな面もあり、移り気な恋人さながらに「月はほほえみ、嘆き哀しむ／月は逃げ去り、悩ませる」のです。

いずれにしても、月はいくらか気が変なのでしょう。しかし、ミューズでもあり女神でもある月が愛されていることに変わりはありません――白い月／森に映え、／枝々から／葉をふるわせて／発する声……／おお、愛するひとよ（ヴェルレーヌ「白い月」1870年）。

『悪の華』（堀内大學訳、新潮文庫）
『フランス名詩選』（安藤元雄・入沢康夫・渋沢孝輔編、岩波文庫）

※ フランスで活躍したゴッホが模写した歌川広重の浮世絵「大はしあたけの夕立」で描かれた新大橋を、その昔、松尾芭蕉も通ったそうです。

Un Animal
dans la Lune

# 月の歌

童謡「月の光に」はフランス国の財産ですが、16世紀以降のレパートリーで心に残る歌はほかにもあります。

1576年、シャルダヴォワーヌ編『町の歌（ヴォア・ドゥ・ヴィル）形式による最も美しい至高の歌曲集』が出版されます。「月の光に」の詩の原型はここに見出されるようですが、メロディは17世紀の作曲家ジャン＝バティスト・リュリによるといわれています。1939年、シャルル・トレネが歌ったのは月の光ではなく月食でした——「太陽が月とデートの約束をしたよ／でも月は来なくて太陽は待ちぼうけ」。

月と太陽のあいだの隔たりは、フランスのロックバンド、アンドシーヌの「ぼくは月に訊いたんだ／でも、おひさまは知らんぷり」にもあらわれています。これは、ロック・グループMickey 3Dのリーダーでシンガー・ソングライターのミカエル・フューノンの1994年の曲で、2011年に書き直されました。月は恋の相談をされるものの、「そんなこと、わたしの知ったことじゃない」と、とりつくしまがありません。元ポリスのヴォーカル、スティングは、「ウォーキング・オン・ザ・ムーン」であらゆる男性を苛む欲望について歌いました。

月を歌った曲には、このほか、サルヴァトール・アダモ「明日、月の上で」、ジョルジュ・ブラッサンス「月に捧げるバラード」、エルヴィス・プレスリー「ブルー・ムーン」、ザジ「月で」、フレール・ジャック「月は死んだ」、マヌ・チャオ「ぼくには月が必要だ」、ミシェル・ジョナス「月」、ジェネシス「マッド・マン・ムーン」などがあります。

LA NUIT QUAND LA LUNE LUIT...
en patois :
(S'NACHT, WENN D'R MOND SCHIENT)
La nuit quand la lune luit
On entend une rumeur sur le pont.
C'est Jeannot qui reconduit Margot,
Margot au dos de travers...
Le valet siffle, la servante danse,
Tous les ânons jouent du tambour,
Toutes les souris qui ont des queues
Pourront venir au mariage.
Cette chanson à bâtons rompus est très populaire

# 月の物語

古代から、月は物語や神話や詩の中心に君臨していました。とくに、満月は人の心に熱い炎を燃やします。作家が最も自由な表現形式で書くことができるのは、短篇小説ではないでしょうか。実際、シラノ・ド・ベルジュラックは『別世界又は月世界諸国諸帝国』(1655年)に、四つ足で歩き、匂いだけを食べて生きている月世界人を登場させています。夜、丸い月が空を照らしているのを見るだけで、体が震えてくるようです。

モーパッサンは短篇『ジュリ・ロマン』のなかで、「すでに空高く昇っていた月は満月で、狭い小道に銀の光を投げかけていた。闇に沈んだ木々の丸みを帯びた黒い梢の間から漏れ出る月の光が、黄色い砂利に長く伸びていた」と書きました。

月の輝く空の下では、吸血鬼やオオカミ男や人の顔をした動物たちが跋扈します。怪奇に魅了されるのは、時代が下っても変わることはありません。スティーヴン・キング『人狼の四季』(1983年)、フレッド・ヴァルガス『裏返しの男』(1999年)がその例です。『裏返しの男』では、アダムスベルグ警視がアルプス山麓のメルカントゥール国立公園で起きた事件を捜査します。村の女性は、果たしてオオカミ男に喉を噛み切られたのでしょうか？

地球上どこでも、人びとは古い伝説に育まれてきました。オーストラリアのある部族では、野山をさまよう男はいずれ獰猛な野生の犬にむさぼり食われると語り継がれています。あとには、犬が空高く吐き出した1本の骨しか残らないのだそうです。こうして、空の月は「さすらい人」と呼ばれるようになりました。

# 月の童謡

「月の光に／わが友ピエロ／君のペン(プリュム)を貸しておくれ／ひと言書きとめておくために」。「月の光に」は、フランスではだれもが知っている童謡です。小さな子どもはこの歌が大好きで、寝る前に聴く子守歌にもなっています。しかし、よく聴いてみると、歌の意味が気になります。そんなときは、原典に立ちもどるのがいちばん。実は、オリジナルの詩では「*plume*(ペン)」ではなく、「*lume*」=「*lumière*(光)」が使われているのです。そうすると、「私のろうそくは消えている／私にはもう火がない」と続く、次のフレーズとの関係もはっきりします。さらに、2番でピエロが「隣の家へ行きたまえ／彼女がそこにいるに違いない／なぜなら台所で／誰かが火打石を打っているから」というのも、光がないならば当然で、歌詞全体が一貫します。

この歌を通じて月とペンが関連していることは想像できますが、表向きの歌詞の無邪気さには疑問が残ります。多くの童謡がそうであるように、実際、「月の光に」は子どもではなく、大人に向けて歌われているのです。16世紀、最初の版で登場していたリュバンは堕落した僧で、ピエロに頼んでろうそくに火を点けてもらおうとします。2番で隣の家の女性が登場し、その女性は台所で火打石を打っているようです。ちなみに、「火打石を打つ」には「セックスをする」という裏の意味があり……。どうやら、別バージョンの無難な歌詞に置き換えたほうがよろしいようです――「3羽の子ウサギ／ワインを飲んで／プラムを食べてた」。

AU CLAIR DE LA LUNE
Au clair de la lune,
Mon ami Pierrot,
Prête-moi ta plume
Pour écrire un mot.
Ma chandelle est morte,
Je n'ai plus de feu
Ouvre-moi ta porte
Pour l'amour de Dieu..
H. L. Gerbault

# 月の表現

俗語やことわざには、月に関する言いまわしがたくさんあります。田舎で、天気に関する言いまわしが豊富なのといっしょです。こうした表現のなかで、月は常に賞賛されているわけではありません。ちょっとでも気にいらないことがあれば月のせい、気分が悪ければそれも月のせいなのです。

こうしたことから、元来温厚なはずのご婦人方がいらだっていると、「月のものが来たな」と疑われます。空の低い位置に月が出ていると、「月に手を伸ばす」＝「不可能なことに挑戦」したくなります。16世紀には同じような意味で、「歯で月をつかまえる」と言っていました。「腕が長い」(「顔が広い」の意)よりは雄々しくみえますが、あまり希望はなさそうです……。

まるで「月にいる」みたいに上の空だと、チャンスはやって来ません。学校では、そのせいで罰を受けることもあります。「地面に足がついていない」かのようにぼうっとしていたら、先生の話も耳にはいらないでしょうから。人生の贈りものに満足できないとき、人は月に願いをかけます(「ないものねだりをする」の意)。地球人の場合、空から落っこちないよう注意が必要です。

サーカスの道化師は、お月さまのような丸い大きな顔をしています。子どもたちは、親切でかわいいピエロが大好き。フランス語で*lune*(月)にはお尻の意味があることから、月を人のお尻になぞらえますが、それは美しい天体に対して失礼です！

CE N'EST PAS AVEC LES DENTS QU'ON PEUT PRENDRE LA LUNE.

# 月と植物

植物は、成長する過程で月の影響を受けます。人体におよぼす植物の力は否定できないため、食べられる植物の場合、その影響はわたしたちにも関係してきます。

植物療法をおこなう人は、土壌による植物の変化、人の体と精神に及ぼす影響などを分析してきました。発芽から消費に至るまでのあいだ、植物がすくすくと育つには一定のしきたりに従う必要があり、収穫のタイミングは月のサイクルで決まります。このような教えは魔女たちがおこなってきた儀式に由来し、薬草を採取するのは常に新月と満月のあいだ(月が満ちてゆく期間)で、すべての手続きに忠実に従わなければなりません。その時期は、植物が病気になったり、虫や菌類がついたりすることが少なく、植物の健康にとって理想的。さらに、薬草を保存する際に衛生上のリスクが少ないことも、好条件のひとつに数えられます。

月は野菜やくだものの味とも無関係ではありません。月が欠けてゆくあいだに収穫された作物は、栄養素をふんだんに含み、いちばんおいしいのです。また、満月がつくるフレッシュなカクテルは、ビタミンをたっぷり含んでいます。

作物を収穫する時期は、黄道上の月の位置によって調整するとよいといわれています。フルーツは火のエレメント、根菜は土のエレメント、花は空気のエレメント、葉野菜は水のエレメントに属する星座を通過するときがおすすめです。

# 月と庭

月が地平線近くに降りてくるとき、植物の根のすみずみにまで樹液がゆきわたります。この時期は、大がかりな庭工事をするとよいでしょう。土のエレメントに属する星座(牡牛座、乙女座、山羊座)を月が通過する時期であれば、なおさらです。土にまいた種は、空を昇ってゆく月に引っぱられるかのようにぐんぐん成長します。月が昇ると、植物の樹液もいっしょに上昇するからです。したがって、種をまくのは月が満ちてゆく期間が理想的。この時期は植物の抵抗力が増して、アブラムシやハムシやナメクジがつきにくいのです。

反対に、月が欠けてゆく期間は壮絶な戦いになります。月のせいで木にはテントウムシが繁殖し、実には蛾が群がり、野菜にはナモグリバエがたかり、ダニのついた葉は夏に黄色くなってしまいます。植物のすこやかな成長は、月のサイクルと黄道上の位置(栽培に適した時期を決定します)によるのです。ニンジン、カブ、タマネギ、ジャガイモは、土のエレメントの星座を月が通過するときに植えるとよいでしょう。フェンネル、ネギ、パセリ、バジルと、緑の葉の生い茂る植物や低木は水のエレメント、アーティチョーク、カリフラワー、ブロッコリーと、リラ、モクレン、チューリップ、バラなど花の咲く植物は空気のエレメント、キュウリ、ナス、メロン、スイカ、トマト、ピーマンと果樹は火のエレメントの星座です。

Silvery

# 月と星座

月の影響を逃れることはだれにもできません。月はホロスコープの各星座を2〜3日かけて通過します。よいことにしろ悪いことにしろ、それはどのような影響をおよぼすのでしょうか？

水瓶座の人はオープンで寛容。新しい計画にも積極的です。魚座の人は幸せな恋愛をしますが、ビジネスに関しては両極端で、いいか悪いかのいずれかです。牡羊座は冒険心に富み、バイタリティに溢れています。その恋の炎は天にまで燃え上がらんばかりですが、心変わりにもご用心！　牡牛座の人は勇猛果敢です。欲しいものを手に入れるためなら困難をものともせず、最後に勝利を収めます。双子座の人は真実を知っていると思っていますが、それを人に話しても甲斐はありません。たちまち消えてしまうので、紙に書いておきましょう。蟹座の人の人生は、長く静かな河のよう。愛の女神アフロディーテゆかりの地、シテール島へ船出をしましょう。獅子座の人は、自分がやりとげたことに誇りを持ってください。それだけの価値は十分にあります。乙女座の人は、実現したことに満足できません。完璧主義なのはわかりますが、あら探しばかりしても仕方がないでしょう。天秤座の人は、公平でバランスの取れた話し方をするので、恋愛でもビジネスでも相手を魅惑する強力な武器になります。射手座の人は、恋の神さまに頭が上がらないものの、ビジネスをあきらめたわけではなく、将来に向けた計画があります。山羊座の人は矛盾を抱えています。恋愛については、今すぐ結論を出さないこと。蠍座はとても情愛の深い人です。

DER FIDELE MOND.

# 月と犯罪

満月は、悪党や追いはぎをそそのかします。アガサ・クリスティ『三幕の殺人』を思い出してごらんなさい。実際、多くの推理小説で、事件は月の夜に起こっています。悪漢にとって、月夜の明るさは好都合。現場は昼間のようにあたりがよく見えるので、手探りで歩く必要はありません。家に押し入るときも、月光が隈なく照らしてくれますので、室内に侵入する、階段を上がる、屋根の上を歩く……、いずれも簡単です。お金をくすねたところで、目撃者はいないでしょう。

ただし、その逆もしかり。煌々とした明るさは、泥棒が逃げるときに邪魔になります。月が出ていると、不届き者がバッグに手を入れたとたんに捕まるおそれがありますし、追いはぎも、我が物顔にふるまうわけにはいきません。

一般には、満月の晩、刃の輝きが失われないように、古いナイフは月の光を避けて、鞘に収めておくほうがよいと信じられています。よからぬことを企んでいる人も、注意するに越したことはありません。鞘から出した刃物は、月の光を反射してきらめくので、持ち主の意図が即座にばれてしまいます。

# 月に憑かれたもの狂い

中世、月は人の精神を不安定にすると信じられていました。月の影響で理性を失い、額には汗が吹き出し、ちょっとしたことで神経質になったり、攻撃的になったりするので、周囲の人は心配します。こうして、月は狂気と結びつけて考えられるようになりました。病人は月におびえて、物陰に悪魔がいると思い込みます。当時、科学的・医学的知識の不足から、てんかんなどの未知の病気の解釈に月の影響が疑われたのです。

時代が下ると、こうした「てんかん性」という語は、「月に憑かれたもの狂い(リュナティック)(*lunatique*)」に置き換えられるようになります。その語源はラテン語の“*lunaticus*”。今日では、日によって気分の変わる(時間によって変わることもあります)、気まぐれな人を「リュナティック」と呼びます。常に位置や形を変える月と同じです。

恋愛の場合、こうした傾向を「心変わり」といいます。ウィリアム・シェイクスピア『ロミオとジュリエット』を参照してみましょう——「ああ、月に賭けて誓うのは止めて。移り気な月はひと月ごとに満ち欠けを繰り返す。あなたの恋もあんなふうに変わり易いといけないから」。

『シェイクスピア全集2 ロミオとジュリエット』(松岡和子訳、ちくま文庫)

# 月の通り

パリ2区には、「月の通り（リュ・ドゥ・ラ・リュンヌ）」と呼ばれる道があります。ボンヌ・ヌーヴェル大通り5番地の2から始まり、ポワソニエール通り36番地で終わる、長さ267mの通りです。通りの名称は、この地区にあった古い店の看板に由来し（「月の通り」と書いてあるのがよく見えたそうです）、以来、通り全体がこの美しい名で呼ばれるようになりました。革命によるサント・バルブ礼拝堂の破壊から30年後の王政復古の時代（1814〜1830年）に、再建されたボンヌ・ヌーヴェル教会に通う信者にはおなじみの通りです。

1593年、市の城壁に位置するこの通りに面した家は、アンリ4世の軍のパリ入場を阻むため、すべて取り払われます。17世紀には、サン・ショーモン修道院がこの地区に宗教的共同体をつくろうとします（月の通りの4番地の2には救護施設が、42番地には女学校がありました）。

シャルル・ルフェーヴル『パリの歴史』（1875年）を読むと、当時、月の通りの雰囲気は、とてもキリスト教的とはいえないことがわかります。それどころか、ルイ14世の治世（1643〜1715年）の初め、尋常ならざることではありますが、アンリ・バルジョ・ドゥ・レヌヴィリエという名の色男が、通りの家でご婦人方を愉しませておりました。この裕福な男はパリの一等地に住んでいましたが、引退後、月の通りのあるヴィル・ヌーヴに引っ越してきたのです。その後、月の通りの近くには、クロード・プレジール（プレジールは「快楽」の意）という名前の男が住んでいたとか。歴史は繰り返されるというわけです。

# 月と恋愛

恋の結末がどうであれ(スイート？　それともビター?)、月は悪いようにはしません。普通の恋でも、一夜限りの恋でも、ムードを盛り上げてくれます。だれにでも幸せな恋をするチャンスはありますが、いつまで続くかは月の気まぐれにゆだねられます。要は、月のサイクルとそのときに通過している星座次第ということです。

月が欠けてゆくあいだは、ろうそくを灯してディナーをするとよいでしょう。それは完璧で、開かれた、穏やかな恋。女性に対してはあくまで礼儀正しく、きわめて快適な関係です。寛容で、どんなテーマについても和気あいあいと話し合うことができます。反対に、月が満ちてゆくあいだは、すぐにかっとなり、些細なことでも機嫌を損ねかねないので、ムードは台なしです。

恋愛には星座も大きく関係しています。獅子座は燃えるような恋をします。目と目でみつめあい、初めて逢ったときのように、いつまでもうっとりと夢心地。相手が双子座なら相性はぴったりで、誘惑するときは、交わされる言葉が最強の武器になります。ああ、それなのに、相手が水のエレメントの星座の場合は、すべてが水の泡。とはいえ、一夜限りの恋であれば、希望がないわけではありません。たがいに熱い恋の炎を燃やすのは、火のエレメントに属する星座。新月の夜なら、いささか心の離れかけていたカップルも距離がぐんと縮まります。満月なら、心が沸き立って、相手の魅力に酔いしれます。とても普通ではいられません!

L'amour est dans vos yeux
Love is in your eyes

# 月とセックス

恋愛に関して、神々の秘密を知る月は、わたしたちの秘めごとにも侵入してきます。ちょっと好き、すごく好き、情熱的に好き……、人は花びらで相手の気持ちを占いますが、月のサイクルによっては、狂おしいほど愛し合いたいかと思えば、偉大なる哲学者の言葉をいっしょにかみしめたくなるときも。たとえば、新月の夜はやさしさが性的欲望にまさり、心安らぐひとときを過ごすことができます。筋肉が弛緩し、体を休める癒しの時期です。しかし、月が上昇しているあいだは、そうはいきません。自然界で、樹液が植物の根から葉の先に至るすみずみにまでゆきわたると同時に、人間の性的欲望も高まります。満月になると、激しい情熱に火が点き、狂おしいまでに恋焦がれます。でも、単に月がわたしたちを弄んでいるだけなのかもしれません。ひとたび陶酔が過ぎ去ると、どうしていいかわからず、困惑してしまいます。

月が黄道上の星座に接近するたび、その影響は人間におよびます。月が火のエレメントの星座（牡羊座、獅子座、射手座）にさしかかると、禁断の果実を思い切りかじりたくなり、のぼせあがって誘惑にあっさり負けてしまうでしょう。空気のエレメント（水瓶座、双子座、天秤座）は幸福のしるし、天にも昇る心地が味わえます。土のエレメントの星座（牡牛座、乙女座、山羊座）は、相手のはやる気持ちに抗えません。水のエレメントである蟹座、魚座の人も欲望は満たされます。性的欲望の強い蠍座の場合は、なおさらです。

# 蜜月（ハネムーン）

男性に対しても女性に対しても、月が感情に訴える一方、太陽は理性にはたらきかけます。「蜜月」という表現は、月と恋愛感情のあいだにある関係を端的に示しています。恋愛におけるひとめぼれには、夢や詩やインスピレーションを支配する月の影響が認められます。

フランス語の蜜月を意味する"*lune de miel*（リュンヌ・ドゥ・ミエル）"」の語源は英語のハネムーン。1546年に出版されたジョン・ヘイウッドのことわざ集で初めて言及され、このときは思いやりに満ちた関係の意で紹介されていました。また、それは婚礼の期間を通じて甘い飲みもの（ゲルマン民族の場合は、ハチミツ酒）を飲んだことを暗示してもいました。婚礼に続く太陰月のあいだに、催淫効果があるとされていたハチミツ酒を毎晩飲むことで、年若い新婦が妊娠しやすくなり、幸いなる結婚生活が送れることを願ったのです。また、ヒンドゥー教徒や中国人は砂糖を、古代エジプト人はハチミツを食す習慣がありました。

夫婦が仲むつまじく暮らそうと思ったら、月の相にゆだねるのがいちばんです。若いカップルにちょっとしたアドバイスをさしあげます。いつまでも熱々でいるためには、月が火のエレメントの星座にさしかかるタイミングを逃さないことです。

MIEL
MARIAGE MINIATURE
LUNE DE MIEL.

# 月と赤ちゃん

女性と月には共通点があります。独自のサイクルに従って、月が風船のようにまあるくなるのと同じように、出産を控えた女性のお腹もふくらんで、最後には満月のように丸くなります。月の引力が水や潮の満ち引きに作用することは、みなさんもご存じでしょう。とすれば、赤ちゃんが羊水に浮かんでいる子宮内にその影響がおよんだとしても不思議ではありません。満月から新月へと推移する過程で、月が日々丸みを失ってゆくにつれ、女性も破水して、赤ちゃんが生まれます。実際、満月の日は、産院が満員になるそうです。

しかし、月の影響はそれ以前からすでに始まっていました。空に満月が浮かんでいるのを見たとき、お腹に赤ちゃんが宿るというのです。実際、女性の排卵は満月になぞらえられます。それだけではありません。生まれてくる赤ちゃんが女の子であるか男の子であるかについても、月にゆだねられます。月が欠けてゆく期間は樹液が土壌に押しもどされるため、男の子が生まれやすくなるのだそうです。また、どのようにして赤ちゃんが生まれるのか子どもに説明するときに、「種をまく」といいますが、それもあながち間違いではありません。お腹の赤ちゃんが女の子であるためには、月が満ちてゆくタイミングで「種まき」をする必要があります。その間、植物の樹液は土のなかを上昇して地面で発芽を、さらに茎を昇って開花を促します。そういえば、フランスでは、女の子はバラの花から生まれるというではありませんか？

# 月と子ども

天文学者たちは、月は子ども時代に欠かせない要素だと確信しています。

月が体現しているのは、人間の願いや夢。空に浮かんだ月を眺めているとき、子どもは月を指で差しながら目と鼻があることを教えてくれ、さらにそれをノートいっぱいに描き出します。月が子どもにおよぼす影響は大きいのです。したがって、保育園や幼稚園で、子どもがぶつぶつ文句を言ったり、めそめそ泣いたりするのは、月のせいにほかなりません。月が欠けてゆくとき、お腹が痛いと子どもが訴えることがよくあります。哺乳瓶も離乳食も、なにも受けつけてくれません。満月の夜、おとなしく眠ってくれることはめったになく、悪い夢をみているのか、ご機嫌ななめでぐずつき、ほんとうに、なにかが安らかな眠りを妨げているようにみえます。このような行動には、ママのお腹のなかで過ごした9か月間が関係しているといいます。羊水に浸っている赤ちゃんは、水を支配する月の手に完全にゆだねられているのです。満月の夜、とくに出産数が多いのもうなずけます。

# 月と美容

美については、かけがえのない賛同者である月が、つま先から頭の先まで全身を美しくし、イメージチェンジをするお手伝いをしてくれます。満ちてゆく月は微小循環のはたらきを促進しますから、マッサージ、角質の除去などのお手入れが効果的(顔には、細い血管が無数にあります)。新月と満月のあいだ、とくに水瓶座の人はパックをするとよいでしょう。吹き出ものが消えてなくなります。ただし、月が火のエレメントの星座(牡羊座、獅子座、射手座)を通過するときに、吹き出ものを治療するのは避けてください。皮膚が熱を帯びて、焼けつくような痛みをおぼえます。

月が欠けてゆくあいだは、体から老廃物が排出されますので、体内をきれいにし、栄養成分をたっぷり含んだパックをするとよいでしょう。この時期、おふろに入ってリラックスすると、見違えるような体になります。とりわけ、月が水のエレメントの星座を通過するときがおすすめです。

反対に、月が満ちてゆくあいだ、とくに空気のエレメントの星座を通るときは、血行を促進する入浴剤を試してはいかがでしょう?　さらに、手を保湿して、爪のお手入れをすれば、妖精のような美しい手になります。爪がなかなか伸びないときは、上弦の月の日に爪を切ってみてください。足のお手入れやマッサージは、下弦の月のタイミングで。ただし、満月の日は避けるように。肉に食い込んだ爪が、さらに痛くなります。

# 月と髪

わたしたちの髪の毛は、月の影響を受けています。髪の手入れをするときだけではありません。カットしたり、長く伸ばしたりする場合も重要です。大昔から、満月のときに髪が生えるといわれてきました。早いだけでなく、コシのあるじょうぶな髪になるのです。理想は、満月の3日前に髪を切ること。髪型にこだわる人は新月の日、それも3日前がよいでしょう。何度も髪を切る人は、月が満ちてゆくあいだがベストです。髪が傷んだり、切れたり、細すぎたりしないようにするには、月が欠けてゆく時期を選びます。ゆっくりとですが、コシのあるしっかりとした髪が生えます。

なにごとにも適した時期がありますので、シャンプー、ヘアオイル、ヘアマスクは、それぞれ違う時期にしてください。月が水のエレメントの星座を通過するタイミングで、シャンプーやヘアオイルをすると効果的です。ヘアマスクで傷んだ髪を回復させ、保護したいときは、月が欠けはじめるまで待ちます。では、髪をきれいにまとめるには、いつがよいでしょう？　月が満ちてゆくあいだにパーマをかけると長く持ちます。とくに、乙女座と水瓶座を通るときがおすすめです。髪を染める場合は、上弦の月のときに美容院に予約を入れてください。

ÉCLIPSE DE LUNE

# 月と料理

食事をつくって食べるときも、月が影響をおよぼすことがあります。肉や魚をマリネするときは、月が欠けてゆく期間を選ぶと、素材がスパイスやワインとよく混ざり、味が引き立ちます。さらに、この時期、ジャムをつくってはいかがでしょうか。とりわけ、月が牡羊座、獅子座、射手座を通過するタイミングが最適です。反対に、ゼリーやマーマレードをつくるときは、空気のエレメントの星座、それも双子座を通るタイミングを選んで鍋を火にかけること。また、月が欠けてゆくあいだにつくったシードルは、とてもよい香りがします。

海の幸の盛り合わせの味にも、当然、月が関係してきます。人間と同じように、海の生物も月の影響の下で生きているからです（いずれも、体の大部分は水でできています）。三日月、それも新月のあとの三日月の日に食べる貝類は、このうえなく美味。満月が近くなると、カキ、ハマグリ、巻貝などの風味が増します。

ご馳走を食べるなら、満月の前日に限ります。9月に収穫することの多いキノコは、新月の翌日に食べましょう。セップ、イグチ、ハラタケ、キクラゲなどがおいしくいただけます。野菜を保存してたくわえておくなら、月が満ちてゆくあいだか、欠けてゆくあいだがよいでしょう。

PETITES PÂTES

VERMICELLE

MACARONI

COQUILLETTES

SPAGHETTIS

NOUILLES

Bozon-Verduraz

# 月と洗濯

洗濯をするときも、月にはご用心ください！　シーツにからまって身動きがとれなくなるように、困った事態に陥りかねません。洗濯ものが真っ白になるか、黄ばんでしまうかは月のサイクル次第。シーツ、ナプキン、ふきん、テーブルクロス類は、月が欠けてゆくときに洗うと、おろしたてのように白くなります。月が満ちてゆくときはその逆で、ふきんやナプキンの白が、うす汚れて見えます。洗濯ものの種類（白または色もの）にかかわらず、仕上がりは水のエレメントの星座と月の位置で決まります。月が魚座、蟹座、蠍座にいるときは、身だしなみがよいとほめられるでしょう。

洗ったあとは、乾かさなくてはなりません。洗濯ものを戸外に干す場合、ここでも月が関係してきます。月光には、要注意です。おしゃれな黒のドレス、真っ赤なTシャツ、黒い靴下も、真夜中に干したら、もうおしまい！　また、色のきれいな下着を月の光にさらすのは、絶対におすすめできません。色があせて、二度と着られなくなるからです。その代わり、満月ほど優れた漂白剤はないといわれています。何度も洗っているうちに、下着が黄ばんだり、薄汚れたりしてくるのは避けられませんが、満月の光が元の白さを取りもどしてくれて、新品のように真っ白になります。しかし、色ものの場合、そうはいかないので、ご注意ください。

※ ヨーロッパのおばあちゃんの知恵袋的な深い意味がありそうで、想像するとおもしろいですね。昔の染料は紫外線で退色しやすいから、日中から夜まで干しっぱなしにするなということでしょうか。

# 月の水

月は女性を美しくするといいます。ギリシアをはじめとする文明の時代、月の祭司は月光浴をする習慣がありました。満月と新月のあいだを選んで、のんびりと月光に体をさらすのです。そして、新月になると、月の輝きをそのまま保とうとするかのように全身を覆う服を着ます。そうすると、皮膚がほのかに光り出すのだとか。

満月の夜は、月の水をたくわえておきましょう。青いガラスの瓶に水を入れ、一晩じゅう月の光を浴びせるのです。夜が明ける前になかに入れ、光のあたらない涼しい場所で保存します。月光から放出される電磁波は水の分子に吸収されますが、液体中でもその物理的性質とエネルギーは保たれたまま。月のエネルギーが浸透した水には浄化作用と再生作用があり、心を落ち着かせてくれるので、そのまま飲んだり、食品に混ぜたり、肌のお手入れに使ったり、植物にやったりなど、さまざまに利用できます。その場合、キャップ1杯の月の水を1リットルの水に薄めて使うとよいでしょう。毎朝、朝食の前にコップ1杯の水を飲むのも、1〜2リットルの月の水を入れたおふろに入るのも、体によいのでおすすめです。いにしえの時代にもどった気分が味わえます！

※ 科学的な根拠は全くありませんが、やってみたい方は、衛生面にくれぐれもご注意を。未開封のペットボトルのミネラルウォーターを満月の光にさらすのが安全でしょう。ベランダの柵の上など、落下して事故が起こるようなところに置かないようご注意ください。

# 月長石（ムーンストーン）

「月長石」を発見したのは、フランスの博物学者、鉱物学者、地質学者のジャン＝クロード・ドゥラメトリー（1743－1817）です。乳白または銀の鈍い色をしていて、光線の加減で白や青にきらめくこの石は、その名のとおり月光を彷彿させます。石の表面が魔法のようにゆらめいて見えるため、古代インドやローマでは、神秘的な方法で月光からつくられたと信じられていました。インドでは聖なる石として珍重され、ヒンドゥー語で“*chandrakant*”（サンスクリット語で「月」を意味する“*chandra*”と「愛する」を意味する “*kanta*” から来ています）という、石の由来を象徴する名で呼ばれています。

他方、ローマ人は、月の相の推移に従って石の外観が変化すると考え、神話に登場する月の女神ディアナの姿を石に重ね合わせていました。「やさしい愛情」を象徴するこの貴石は、人の感情のなかで最もつよく、最も美しい愛情に訴えるパワーがあるとされています。

1969年の月面着陸の翌年、米国フロリダ州の宝石として正式に認められました。

※ ドゥラメトリーは鉱物を系統的に分類整理した博物学者でした。月に関する鉱物としては、アポロが持ち帰った試料にみつかった新鉱物で、アポロ11号の宇宙飛行士3人の名を組み合わせて命名されたアーマルコライトという鉱物が有名です。

LANGAGE ET VERTUS DES PIERRES PRÉCIEUSES.

78 SUJETS.

# 月のお菓子

中国では、月を祝う祭日に月餅を食べる習慣があります。「団欒節（だんらんせつ）」と呼ばれるこの祭りごとは、家族や親戚で集まる大切な日。通常、9月から10月のあいだにおこなわれ、台湾、韓国、日本、フィリピン、ベトナム、香港、マレーシア、米国のほか、大きな中華街のあるヨーロッパの都市でも同様の風習があります。

アジア系のお菓子屋さんでも販売され、この日が近づくにつれ売り場にはたくさんの月餅が並びますが、丸く、平たい独特の形をしていますので、ひと目でそれとわかります。お菓子の表面を原料にちなんだ、縁起のよいシンボルや漢字が飾り、中心には月のマークもあります。なかに入っている餡（あん）は、ハスの実、ココナッツ、五香粉、フルーツなどでつくられ、とりわけ、塩水に漬けた、アヒルの卵の黄身の入ったものが人気です。ドリアン、ナツメヤシ、パイナップルの砂糖漬け、小豆、緑豆、大豆を餡にして詰めた月餅もあり、さまざまな素材があらたな風味を生み出し、目移りがします。月餅に対する食いしん坊さんのこだわりと好奇心がうかがえますが、たとえこれを食べて喉に詰まらせたとしても本望でしょう。

Rever de Lune GATEAUX.

# 宇宙飛行士と天文学者

月の起源に関して、地球とその衛星は同時に形成され、同一の物質で構成されていると考えたのが同時降着説です。1878年、海が干潮と満潮を繰り返していることをすでに明らかにしていたジョージ・ダーウィン（チャールズ・ダーウィンの息子）は、月が地球から分裂したとする説を主張します。次いで1910年、米国の天文学者トーマス・ジェファーソン・ジャクソン・シーが、どこか遠く離れた場所で形成され、他の惑星と同じように、太陽を周回していた月が、その後地球の重力により捕えられたとする捕獲説を提唱します。現在では、地球に巨大な天体が衝突し、そのときに放出された物質から月が形成されたという、ウィリアム・ハートマンの巨大衝突説が有力です。

米国とロシアは、それぞれ宇宙開発プログラムを展開してきました。1961年5月21日、米国のケネディ大統領は、アポロ計画を発表。1969年から1972年にかけて、計6回の有人月面着陸に成功しました（アポロ11号は静かの海、アポロ12号は島の海、アポロ14号はフラ・マウロ・クレーター、アポロ15号はアペニン山脈付近、アポロ16号はデカルト・クレーター、アポロ17号はタウルス山脈）。380kgの月の岩のサンプルが地球に持ち帰られ、科学機器が月面に残されています。

一方、ソビエト連邦が打ち上げた無人探査機ルナ17号は、1970年11月17日、虹の入江にあるヘラクリデス岬に着陸し、2万枚におよぶ月の画像を地球に送信しました。世界初の月面車ルノホート1号を地球から遠隔操作し、11か月間、およそ10kmを走破し、雨の海を調査したのです。

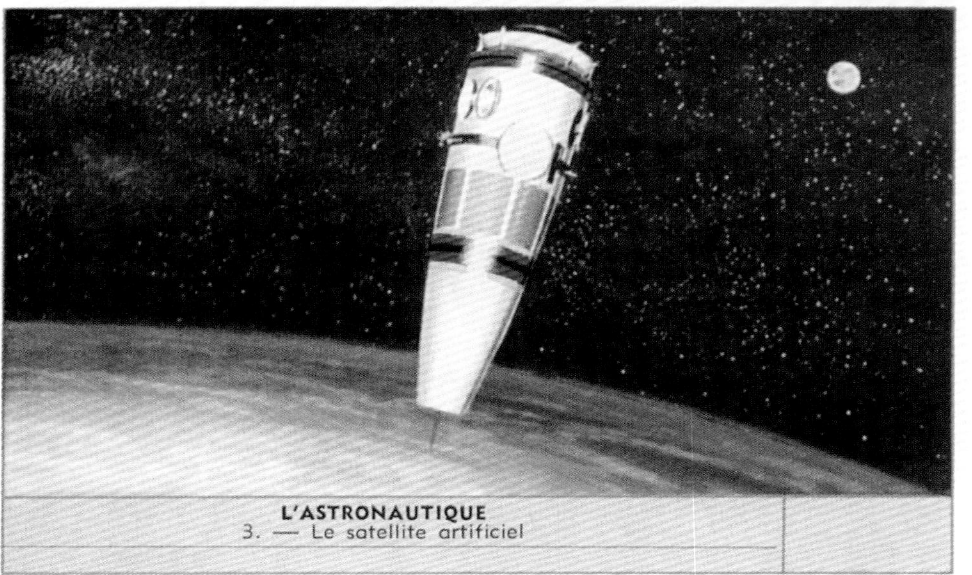

**L'ASTRONAUTIQUE**
3. — Le satellite artificiel

# 月面にしるされた一歩

ケネディ宇宙センターから巨大ロケット、サターンV号が打ち上げられ、アポロ11号とその乗組員を月に送り込んだとき、全世界の人は息を呑んで、それをみまもったものでした。乗組員は、ニール・アームストロング、エドウィン・バズ・オルドリン、マイケル・コリンズの3名。月面には21時間30分滞在し、そのうち月着陸船の外に出たのは2時間30分です。このとき、アームストロングは「これは一人の人間にとっては小さな一歩だが、人類にとっては大いなる飛躍である」という有名な言葉を残しました。月面について宇宙飛行士たちは、大きなクレーターがうがたれ、凹凸があって、機内の酸素に触れたサンプルは木炭または火薬の匂いがしたと証言しています。こうしてミッションを終えたアポロ11号は、21.7kgの月の石を採取し、科学機器を月面に残したのち、太平洋に着水して地球に帰還します。2017年にはNASAのふたつの探査機が月の軌道上で調査しています。

米国以外の宇宙大国であるロシアと中国も、月面での探査ミッションを計画中。NASAは、インド宇宙研究機関が打ち上げた探査機チャンドラヤーン1号に搭載した近赤外線カメラで、月の北極圏や南極圏に位置するクレーター内に大量の氷が存在する可能性があることを突き止めました。

現在、ふたつの巨大なブラックホールの衝突により生じた重力波について調査しています。

※ 2021年時点では、NASAの探査機2機、インドの探査機1機が月周回軌道で運用中です。重力波観測に関しては2020年から日本の重力波望遠鏡KAGRAも観測を開始しました。

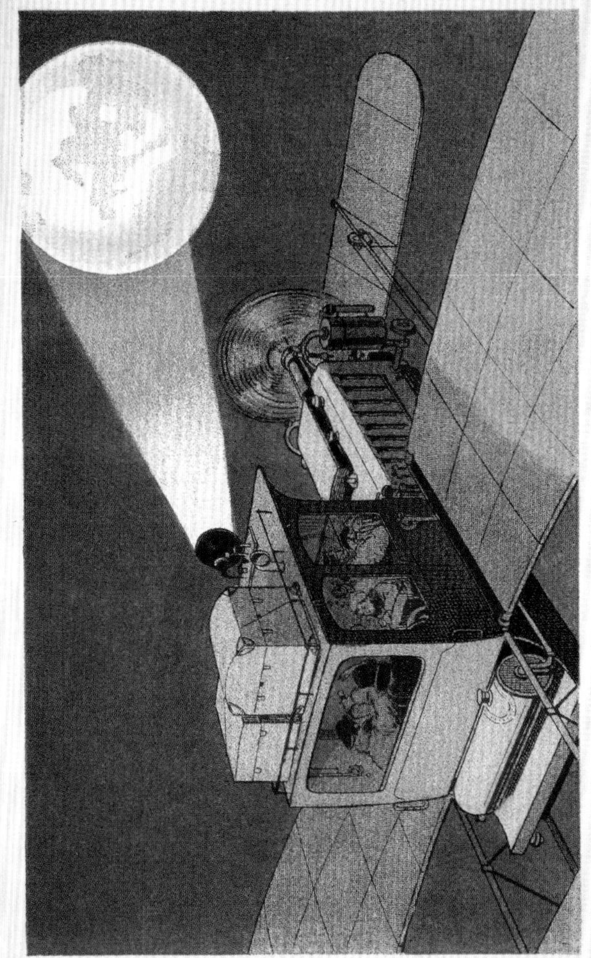

# 未来の月

英国の設計事務所フォスター＋パートナーズは、月面上で4人の宇宙飛行士が生活できる住宅を考案しました。このプロジェクトは、欧州宇宙機関（ESA）の支援を受けて、英国モノライト社の巨大3Dプリンター「D-Shape」を使い、イタリアのリサーチ会社Alta SpAの協力を得て、事業を進めています。ふくらませることのできる家を地球で製造してロケットで運ぶのですが、125℃からマイナス175℃まで変化する岩と塵に囲まれた環境に、どう対応するのでしょうか？

月の表土からできているドーム型住宅は、過酷な環境から住人をまもります。3Dプリンター製の資材でドームを覆うようにして1週間で組み立てていきますので、必要な資材を地球から運ぶ必要はありません。隕石、ガンマ線、高温に達する温度変化などから宇宙飛行士をまもるには、軽くて耐性のあるハニカム構造の素材で「壁」を覆う必要があります。現地での建設に先立ち、98.8％まで月の表土と構成を同じくするイタリア産の岩石をもとに試験がおこなわれました。

2016年、日本は探査機「あかつき」の軌道投入に成功します。宇宙航空研究開発機構（JAXA）では、2022年度に月着陸実証機SLIMで月面のねらった場所へのピンポイント着陸をめざし、2023年度以降にはインドと共同で月極域探査機LUPEXを月の南極に着陸させ氷資源を探査する予定です。

近い将来地球は、太陽系のなかで人類が居住可能な唯一の天体ではなくなっていることでしょう。

※ 本監修者はSLIM計画と、LUPEX計画の両方で科学観測機器の開発チームのリーダーをしています。

Dans
la Lune
TERRE-LUNE
vous
verrez
Villers-Bocage

# もっと知りたい人のために


Bourges (Pierre) et Lacroux (Jean), *Observer le ciel : à l'œil nu et aux jumelles*, Larousse, 2004.

Bulard-Cordeau (Brigitte), *La Magie de nos terroirs*, Trajectoire, 2005.

Bulard-Cordeau (Brigitte), *Vivre avec la Lune*, Larousse, 2016.

Clères (Christian) et Alberny (Renaud), *Le Livre de la Lune*, Glénat, 2009.

Dinwilddie (Robert), Gater (Will), Sparrow (Giles) et al., *Étoiles et planètes*, Larousse, 2013.

Folley (Tom), *Le Livre de la Lune*, Solar, 1999.

Gater (Will), *Observer le ciel mois par mois*, Larousse, 2012.

Legault (Thierry) et Brunier (Serge), *Le Grand Atlas de la Lune*, Larousse, 2004.

Melguen (Bernard) et Sauvat (Catherine), *Lune : la face cachée de la Terre*, La Martinière, 2015.

## シリーズ本も好評発売中！

ちいさな手のひら事典

**ねこ**

ブリジット・ビュラール＝コルドー 著

ISBN978-4-7661-2897-0

ちいさな手のひら事典

**きのこ**

ミリアム・ブラン 著

ISBN978-4-7661-2898-7

ちいさな手のひら事典

**天使**

ニコル・マッソン 著

ISBN978-4-7661-3109-3

ちいさな手のひら事典

**とり**

アンヌ・ジャンケリオヴィッチ 著

ISBN978-4-7661-3108-6

ちいさな手のひら事典
**バラ**
ミシェル・ボーヴェ 著
ISBN978-4-7661-3296-0

ちいさな手のひら事典
**魔女**
ドミニク・フゥフェル 著
ISBN978-4-7661-3432-2

ちいさな手のひら事典
**薬草**
エリザベート・トロティニョン 著
ISBN978-4-7661-3492-6

ちいさな手のひら事典
**花言葉**
ナタリー・シャイン 著
ISBN978-4-7661-3524-4

ちいさな手のひら事典

**子ねこ**

ドミニク・フゥフェル 著

ISBN978-4-7661-3523-7

ちいさな手のひら事典

**マリー・アントワネット**

ドミニク・フゥフェル 著

ISBN978-4-7661-3526-8

ちいさな手のひら事典

**おとぎ話**

ジャン・ティフォン 著

ISBN978-4-7661-3590-9

ちいさな手のひら事典

**占星術**

ドミニク・フゥフェル 著

ISBN978-4-7661-3589-3

ちいさな手のひら事典
**クリスマス**
ドミニク・フゥフェル 著
ISBN978-4-7661-3639-5

ちいさな手のひら事典
**フランスの食卓**
ディアーヌ・ヴァニエ 著
ISBN978-4-7661-3760-6

著者プロフィール

**ブリジット・ビュラール＝コルドー**

ジャーナリスト、作家。元野良ねこのルナといっしょに、パリ在住。複数の雑誌で編集長を務めたのち、現在は『Matou Chat(トムキャット)』誌に寄稿。絵本も含めて80冊以上の著作がある。そのうち30冊はねこに関するもので、本シリーズの『ちいさな手のひら事典　ねこ』の著者でもある。その他、自然やエコロジー関連の本を多数手がけている。

監修者プロフィール

**佐伯和人**

大阪大学理学研究科宇宙地球科学専攻准教授。1967年、愛媛県生まれ。東京大学大学院理学系研究科鉱物学教室で博士(理学)取得。専門は惑星地質学、鉱物学、火山学。ブレイズ・パスカル大学(フランス)、秋田大学を経て、現職。JAXAの複数の月探査プロジェクトに参加。著書は『世界はなぜ月をめざすのか』(講談社ブルーバックス)、『月はぼくらの宇宙港』(新日本出版社)、『月はすごい-資源・開発・移住』(中公新書)など多数。

LE PETIT LIVRE DE LA LUNE
Toutes les images proviennent de la collection privée des Éditions du Chêne, sauf pp. 23, 89, 91, 135, 167 © akg-images ; p. 19 © akg/ Science Photo Library ; p. 77 © akg-images/ Interfoto/ Sammlung Rauch ; pp. 12, 101, 115 © IM/Kharbine-Tapabor ; pp. 21, 25, 79, 81, 107 © Jonas/Kharbine-Tapabor ; p. 27 © Jean Vigne/ Kharbine-Tapabor ; pp. 71, 83 © Kharbine-Tapabor ; p. 145 © MA/ Kharbine-Tapabor ; p. 155 © Coll. Grob/ Kharbine-Tapabor.
Couverture : © Éditions du Chêne.



Directrice générale : Fabienne Kriegel
Responsable éditoriale : Laurence Lehoux
avec la collaboration de Franck Friès
Suivi éditorial : Sandrine Rosenberg
Direction artistique : Sabine Houplain
assistée d'Élodie Palumbo
Lecture-correction : Valérie Nigdelian
Fabrication : Marion Lance
Mise en pages et photogravure : CGI
Partenariats et ventes directes : Mathilde Barrois
mbarrois@hachette-livre.fr
Relations presse : Hélène Maurice
hmaurice@hachette-livre.fr

This Japanese edition was produced and published in Japan in 2021
by Graphic-sha Publishing Co., Ltd.
1-14-17 Kudankita, Chiyodaku,
Tokyo 102-0073, Japan



Japanese edition creative staff
Editorial supervisor: Kazuto Saiki
Translation: Kei Ibuki
Text layout and cover design: Rumi Sugimoto
Editor: Yukiko Sasajima
Publishing coordinator: Takako Motoki
(Graphic-sha Publishing Co., Ltd.)

ISBN 978-4-7661-3525-1 C0076
Printed in China

ちいさな手のひら事典 月

2021年7月25日　初版第1刷発行
2024年1月25日　初版第6刷発行

著者　ブリジット・ビュラール＝コルドー（© Brigitte Bulard-Cordeau）

発行者　西川 正伸
発行所　株式会社グラフィック社
102-0073 東京都千代田区九段北1-14-17
Phone：03-3263-4318　Fax：03-3263-5297
http://www.graphicsha.co.jp
振替：00130-6-114345

制作スタッフ
監修：佐伯和人
翻訳：いぶきけい
組版・カバーデザイン：杉本瑠美
編集：笹島由紀子
制作・進行：本木貴子（グラフィック社）



ISBN978-4-7661-3525-1 C0076
Printed in China